6
1973

Faserforschung und Textiltechnik

WISSENSCHAFTLICH-TECHNISCHE ZEITSCHRIFT FÜR DIE CHEMIEFASER- UND TEXTILINDUSTRIE

Faserforsch. u. Textiltechnik • 24. Jahrg. • Heft 6 • Seiten 225–268 • Berlin im Juni 1973
FSTXA7 24 (6) 225–268 (1973) Preis: 15,– M • Sonderpreis DDR: 9,– M

DK 661.728.36:677.21:542.951.1:677.464:677.014.232

Philipp, Burkart, und *Wießner, Peter*

Analytische Untersuchungen zur Eignungsbeurteilung von Rohlinters und Linterszellstoffen für die Acetylierung

Faserforsch. u. Textiltechnik **24** (1973) 6, S. 225—234. 10 Abb., 5 Tab., 33 Lit.

Nach einer Systematisierung der verschiedenartigen Qualitätskenngrößen für Rohlinters und veredelte Linters für die Acetylierung werden zunächst Aussagekraft und Reproduzierbarkeit konventioneller Analysendaten kritisch eingeschätzt, dann Untersuchungsergebnisse zur Variation der übermolekularen und morphologischen Faserstruktur bei einer größeren Anzahl unterschiedlicher Lintersprovenienzen mitgeteilt und schließlich einige Korrelationsbeziehungen zwischen konventionellen Analysendaten der Linters und einigen Kennwerten daraus hergestellter Acetate aufgestellt. Die erhaltenen Ergebnisse weisen eindeutig darauf hin, daß die Qualität des Endprodukts entscheidend durch Art und Menge der Fremdsubstanzen in den Rohlinters und durch den Grad ihrer Entfernung im Veredlungsprozeß bestimmt wird, dagegen praktisch nicht von Unterschieden im morphologischen und übermolekularen Faserbau abhängt, zumindest, sofern handelsübliche Acetylierlintersprovenienzen verglichen werden.

DK 677.1/.5:661.18:661.613.13:541.183:677.017.855:677.019.543.6

Jacobasch, Hans-Jörg, und *Schumann, Ursula*

Zum Zusammenhang zwischen der Adsorption von Tensiden an Faserstoffen und ihrer Waschwirkung gegenüber Pigmentschmutz

Faserforsch. u. Textiltechnik **24** (1973) 6, S. 248—253. 11 Abb., 1 Tab., 10 Lit.

Die Adsorption eines Nonylphenolpolyglykoläthers und von Natriumdodecylsulfat an textilen Faserstoffen und an Ruß wurde untersucht. Die erhaltenen Ergebnisse wurden zur Deutung des Waschvorgangs in Lösungen dieser Tenside verwendet.

DK 678.674'524'420:[66.095.3:678.6]:541.128:541.127.1:541.12.035/.036

Rafler, Gerald, Bonatz, Eckhard, und *Reinisch, Gerhard*

Zur Kinetik der Polyäthylenterephthalatbildung im offenen System

I. Polykondensation von Bis-(β-hydroxyäthyl)-terephthalat in einem gerührten Polykondensationssystem

Faserforsch. u. Textiltechnik **24** (1973) 6, S. 235—239. 5 Abb., 7 Tab., 26 Lit.

In einem zwangsdurchmischten Polykondensationssystem wurde die Kinetik der Polyäthylenterephthalatbildung in Abhängigkeit von Katalysatortyp, Katalysatorkonzentration und Reaktionstemperatur untersucht. Die erhaltenen Gesetzmäßigkeiten zum Einfluß der verschiedenen untersuchten Reaktionsparameter auf die effektive Reaktionsgeschwindigkeit der metallionenkatalysierten Polyumesterung von Bis-(β-hydroxyäthyl)-terephthalat ergaben eindeutige Aussagen zur Ordnung und zum Chemismus dieser Polymerbildungsreaktion.

DK 677.61:677.862.212:677.016.1/.6:66.095.3:547.421

Günther, Iris, de la Torre, Hector, und *Flath, Hans-Joachim*

Untersuchungen zum Kondensationsverlauf bei der Knitterarmausrüstung mit N-Methylolverbindungen

III. Mitt.: Abhängigkeit des Kondensationsverlaufes von den technologischen Bedingungen

Faserforsch. u. Textiltechnik **24** (1973) 6, S. 254—260. 7 Abb., 6 Tab., 5 Lit.

In der I. Mitteilung wurden die Methoden zur Bestimmung von N-Methylolverbindungen in Handelsprodukten und in der II. Mitteilung die Charakterisierung der bei der Kondensation entstehenden Acetalverbindungen besprochen. In der vorliegenden Arbeit werden die an knitterarm ausgerüsteten Geweben erhaltenen textilphysikalischen und chemischen Untersuchungsergebnisse besprochen und Abhängigkeiten ermittelt. Auf Grund der vorliegenden Ergebnisse wird es möglich, den Kondensationsverlauf chemisch zu verfolgen.

DK 661.728.892.1:661.728.892.22:678.744.72:543.253:541.135.52:541.183

Horn, Edith, und *Jehring, Harry*

Untersuchungen mit der Wechselstrompolarographie

IX. Adsorptionsverhalten von Polyvinylalkohol und wasserlöslichen Cellulosederivaten an der Quecksilbertropfelektrode

Faserforsch. u. Textiltechnik **24** (1973) 6, S. 240—247. 10 Abb., 2 Tab., 24 Lit.

Es wird über das Elektrosorptionsverhalten von Polyvinylalkohol und wasserlöslichen Cellulosederivaten (Methylcellulose, Hydroxyäthylcellulose, Na-Carboxymethylcellulose) an der Phasengrenze Hg/Elektrolyt mit Hilfe der Wechselstrompolarographie (Tensammetrie) berichtet. Einflußgrößen waren die Konzentration, die Tropfzeit, das Elektrodenpotential und die rel. Molekülmasse. Zur Auswertung gelangten die Kapazitäts-Potential-, die Kapazitäts-Zeit-Kurven und die Inhibition von Durchtrittswellen. Es lassen sich, neben dem Einsatz in der Analytik, Aussagen über Adsorptionsvorgänge an Elektroden und über den Lösungszustand der Makromoleküle treffen.

Die Zeitschrift „Faserforschung und Textiltechnik" erscheint monatlich in Heften zu 48 Textseiten im Format A 4. Der Preis für das Einzelheft beträgt M 15,– (Sonderpreis für DDR M 9,–), für den Vierteljahrbezug M 45,– (Sonderpreis für DDR M 27,–), zuzügl. Bestellgeld. Die Berechnung erfolgt zu Beginn eines Vierteljahrs für 3 Hefte. Bestellungen aus dem Gebiet der Deutschen Demokratischen Republik an ein Postamt, eine Buchhandlung oder den Verlag, aus der Deutschen Bundesrepublik an eine Buchhandlung oder die Auslieferungsstelle Kunst und Wissen. Erich Bieber, 7 Stuttgart 1, Wilhelmstraße 4–6, aus dem Ausland an eine Importbuchhandlung, den Deutschen Buch-Export und -Import GmbH., 701 Leipzig, Postschließfach 276, oder den Akademie-Verlag GmbH., 108 Berlin, Leipziger Str. 3–4 (Fernruf: 220441; Telex-Nr. 0112020; Postscheckkonto 35021) erbeten. Bestellnummer dieses Heftes: 1014/24/6. Alleinige Anzeigenannahme DEWAG-WERBUNG, 1054 Berlin, Wilhelm-Pieck-Str. 49, und alle DEWAG-Betriebe in den Bezirksstädten der DDR. – Bestellungen in der UdSSR nehmen entgegen: Städtische Abteilungen von „SOJUZPECHATJ" bzw. Postämter und Postkontore.

Herausgeber und verantwortlich für den Inhalt: Prof. Dr. Dr. Erich Correns, Institut für Polymerenchemie der Akademie der Wissenschaften der DDR, 153 Teltow-Seehof, Fernruf: Teltow 4831; Prof. Dr.-Ing. habil. Wolfgang Bobeth, Institut für Technologie der Fasern der Akademie der Wissenschaften der DDR, 801 Dresden, Hohe Str. 6, Fernruf: 44721; Prof. Dr.-Ing. Hans Böhringer, 682 Rudolstadt; Prof. Dr. Hermann Klare, Prof. Dr. habil. Burkart Philipp und Dr. habil. Christian Ruscher, Institut für Polymerenchemie der Akademie der Wissenschaften der DDR, 153 Teltow-Seehof, Fernruf: Teltow 4831. Schriftleiter: Joachim Brämer und Dipl.-Chem. Ingeborg Ruscher, 153 Teltow-Seehof, Kantstr. 55. Verlag: Akademie-Verlag GmbH. 108 Berlin, Leipziger Str. 3–4. Satz und Druck: Druckhaus „Maxim Gorki", 74 Altenburg. – Veröffentlicht unter der Lizenznummer 1280 des Presseamtes beim Vorsitzenden des Ministerrates der Deutschen Demokratischen Republik.

Faserforschung und Textiltechnik

WISSENSCHAFTLICH-TECHNISCHE ZEITSCHRIFT FÜR DIE CHEMIEFASER- UND TEXTILINDUSTRIE

Band 24 Juni 1973 Heft 6

Analytische Untersuchungen zur Eignungsbeurteilung von Rohlinters und Linterszellstoffen für die Acetylierung

Burkart Philipp und Peter Wießner

Akademie der Wissenschaften der DDR, Institut für Polymerenchemie in Teltow-Seehof, und VEB Vereinigte Zellstoffwerke, Pirna

DK 661.728.36:677.21:542.951.1:677.464:677.014.232

Nach einer Systematisierung der verschiedenartigen Qualitätskenngrößen für Rohlinters und veredelte Linters für die Acetylierung werden zunächst Aussagekraft und Reproduzierbarkeit konventioneller Analysendaten kritisch eingeschätzt, dann Untersuchungsergebnisse zur Variation der übermolekularen und morphologischen Faserstruktur bei einer größeren Anzahl unterschiedlicher Lintersprovenienzen mitgeteilt und schließlich einige Korrelationsbeziehungen zwischen konventionellen Analysendaten der Linters und einigen Kennwerten daraus hergestellter Acetate aufgestellt. Die erhaltenen Ergebnisse weisen eindeutig darauf hin, daß die Qualität des Endprodukts entscheidend durch Art und Menge der Fremdsubstanzen in den Rohlinters und durch den Grad ihrer Entfernung im Veredlungsprozeß bestimmt wird, dagegen praktisch nicht von Unterschieden im morphologischen und übermolekularen Faserbau abhängt, zumindest, sofern handelsübliche Acetylierlintersprovenienzen verglichen werden.

Аналитические исследования с целью оценки способности к ацетилированию неочищенного и очищенного делинта

После систематизации различных показателей качества очищенного и неочищенного делинта, предназначенных для ацетилирования, проведена критическая оценка содержания информации и воспроизводимости данных общепринятых анализов. Приведены данные о различиях в надмолекулярной структуре и морфологии волокон образцов делинта различного происхождения. Найдены известные корреляции между результатами обычных анализов делинта и некоторыми показателями полученных из него ацетатов. Полученные результаты однозначно свидетельствуют о том, что качество ацетата решающим образом определяется видом и количеством примесей в делинте и степенью их удаления в процессе облагораживания. Различия в морфологии и надмолекулярной структуре напротив не оказывают практического влияния, по меньшей мере, при сравнении обычных образцов делинта, предназначенных для ацетилирования.

Analytical Investigations on the Usefulness of Raw Linters in Acetylation Processes

A systematic survey of various quality parameters of raw and purified linters used in acetylation processes is followed by an estimation of the value and reproducibility of the results obtained by conventional analytical methods. The results obtained in investigating the variation in the supramolecular and morphological fibre structure of a large number of linters samples of different origin are provided and correlation between the analytical results and the characteristics of cellulose acetates are established. The results show the quality of the products to be essentially affected by the kind and amount of foreign substances in the raw linters as well as by the degree of removal in the purification process. However, the quality of the products was found to be scarcely affected by differences in the supramolecular and morphological structure of the fibres, at least in comparing cellulose acetate samples obtained from commercial linters.

1. Einleitung

Die Herstellung von Cellulosetriacetat für die Filmindustrie stellt hohe Anforderungen an die Reinheit des Ausgangsmaterials. So wurde wiederholt darauf hingewiesen, daß ein hoher Pentosangehalt der eingesetzten Linterszellstoffe zu einer stärkeren Trübung der Triacetatlösung führt [1 bis 9]. *Sihtola* und *Kaila* [10] betonten im gleichen Zusammenhang den nachteiligen Einfluß von Calcium und Eisenionen. *Jacopian* [11] wies in einer grundlegenden Arbeit zur Beuche und Bleiche von Linters auf den schädlichen Einfluß anhaftender Verunreinigungen, in erster Linie Samenschalenresten, für die Qualität von Acetatlinters hin. Offen blieb bei den hiergenannten sowie zahlreichen weiteren Publikationen ähnlicher Thematik (z. B. [12 bis 16]), ob neben diesen Verunreinigungen und Fremdsubstanzen noch andere Faktoren die Verarbeitbarkeit von Acetatlinters und die Qualität des daraus hergestellten Celluloseacetates bestimmen und welchen Einfluß hierbei die Rohlintersqualität hat. Zur Klärung dieser Frage soll die folgende Arbeit beitragen, wobei gleichzeitig Aussagen zur Reproduzierbarkeit der analytischen Charakterisierungsmethoden mitgeteilt und einige Korrelationen zwischen verschiedenen Kennwerten aufgestellt werden.

2. Bemerkungen zur Versuchsmethodik

Für eine umfassende Beurteilung der Rohlinters wie auch der daraus im Labormaßstab hergestellten Acetatlinters wurden Bewertungskriterien der verschiedensten Kategorien herangezogen, nämlich:

a) Analysenkennwerte zur Primärstruktur der Cellulosekette:

Cuoxam-DP bzw. Cuoxamviskosität,
Carboxylgruppengehalt,
Carbonylgruppengehalt,
Kupferzahl.

b) Analysenkennwerte zur Beurteilung des Fremdstoffgehaltes:
   Cellulosegehalt,
   Ligningehalt,
   Kappazahl,
   Äthanolextraktgehalt,
   Pentosangehalt,
   Pektingehalt,
   Proteingehalt,
   Asche- sowie Eisen- und Calciumgehalt.

c) Optisch-morphologische Kenngrößen:
   Weißgrad,
   Lichtabsorptionswert einer 4%igen Lösung in 72%iger H_2SO_4 (AS-Wert),
   Faserlängenverteilung,
   Zahl und Größe der Fremdpartikel (Samenschalen, Stengelteile usw.).

d) Kenngrößen zur Charakterisierung der morphologischen Feinstruktur und des übermolekularen Faserbaues:
   Quellbild in Cadoxenlösung,
   Partikelzahl nach Auflösung in Cadoxen,
   Quellbild unter Acetylierbedingungen,
   LODP, Abbaugeschwindigkeit und Substanzverlust bei Äthanolyse,
   LODP und Abbaugeschwindigkeit bei Hydrolyse.

e) Kenngrößen zur Beurteilung von Verarbeitbarkeit und Produktqualität bei einer Probeacetylierung:
   Acetylierdauer bis zur homogenen Lösung,
   Filterzahl bzw. R_v-Wert der Rohlösung,
   Trübungswert der Rohlösung,
   Absorptionswert der Rohlösung.

Die aufgeführten Kriterien wurden im allgemeinen zur Beurteilung sowohl der Rohlinters als auch der gebeuchten und gebleichten Acetatlinters angewandt, mit Ausnahme der nur für Acetatlinters eingesetzten Methoden der Kategorie e) und der ausschließlich zur Rohlintersbeurteilung dienenden Bestimmung der Faserlängenverteilung, der Zahl und Größe der Fremdpartikel, des Cellulose-, Pektin- und Proteingehaltes.

Als Probenmaterial standen 30 verschiedene „second cut"-Rohlinterssorten unterschiedlichster Provenienz (Griechenland, Iran, Californien, Texas, Mittel- und Südamerika) zur Verfügung. Hieraus wurden sechs Proben (im folgenden mit „I bis VI" bezeichnet) ebenfalls unterschiedlicher Provenienz für eine vertiefte Untersuchung ausgewählt, die sich hinsichtlich der „Qualitätskennziffer" unterscheiden. Die Rohlinters wurden sowohl im Ausgangszustand als auch nach einer Trocken-Vorreinigung mittels Shirley-Analyser untersucht, wobei in einzelnen Fällen auch der aussortierte, die Hauptmenge der Fremdpartikel enthaltende Abfallstoff analysiert wurde. Unter den von uns angewandten Bedingungen lag die im Shirley-Analyser aussortierte Stoffmenge [vgl. 17] bei etwa 10 bis 20% der Ausgangsmenge.

Rohlinters, wie auch die gereinigten Linters und der aussortierte Stoff wurden einer Beuche und Bleiche unter folgenden Laborbedingungen unterworfen:

Beuche: 10-l-Standautoklav, elektrisch beheizt.
800 g Rohlinters wurden in 5600 ml 2%iger NaOH, enthaltend 8 g Konzentrat „W 50" (VEB Leuna-Werke „Walter Ulbricht"), eingemaischt.
Ankochzeit: 60 min, Fertigkochen bei 140 °C 150 min.
Abgasen: 45 min; Wäsche: 1 × heiß (80 °C), 2 × kalt, mit je 10 l Wasser.

Bleiche: 250 g gebeuchte Linters wurden mit 1% Chlor (auf Stoff bezogen) chloriert (20 °C; pH = 2,5; 2,5% Stoffdichte; 15 min), mit verdünnter Natronlauge behandelt (0,25 g/l NaOH; 2,5% Stoffdichte; 15 min bei 20 °C) und mit wäßriger NaOCl-Lösung je nach Ausgangs-DP 60 bis 90 min gebleicht (20 °C; 4% Stoffdichte; pH = 9,5 bis 10,5; 1% Aktivchlor auf Stoff bezogen). Der Stoff wurde mit ca. 1% SO_2 (auf Stoff bezogen) abgesäuert und mit Wasser säurefrei gewaschen. Die Trocknung erfolgte über Nacht bei ca. 60 °C.

Die so erhaltenen Acetatlinters wurden nach erneuter analytischer Untersuchung zur Probeacetylierung verwendet, die nach dem homogenen Einstufenverfahren mit H_2SO_4 als Katalysator und Dichlormethan als Lösungsmittel vorgenommen und abgebrochen wurde, wenn eine bestimmte Kugelfallviskosität erreicht war. Hinsichtlich Einzelheiten sei auf unsere frühere Mitteilung [18] verwiesen.

3. *Versuchsergebnisse und ihre Auswertung*

3.1. *Reproduzierbarkeit und Aussagekraft konventioneller chemischer und optischer Analysendaten, vor allem bei Rohlinters*

Für die hier interessierenden Analysenkriterien der Kategorien a), b) und c) (vgl. Abschn. 2) sind in Tabelle 1 die Arbeitsmethodik, die Spannweite der am Gesamtprobenmaterial erhaltenen Werte und die relative Standardabweichung (Variationskoeffizient) zusammengefaßt.

Mit zumeist zwischen etwa 2 und 8% liegenden Variationskoeffizienten ist die Reproduzierbarkeit der hier aufgeführten Analysenmethoden generell für den vorgesehenen Zweck der Betriebsanalytik als gut zu bezeichnen. Die hohe Standardabweichung der Carbonylgruppenbestimmung ist auf die bei Linters sehr niedrigen Absolutwerte zurückzuführen; auf Grund der geringen Spannweite und der damit nachgewiesenen mangelnden Differenzierungsmöglichkeit steht ihr Einsatz zur Routineanalytik ohnehin nicht zur Diskussion.

Zwischen einer Reihe der hier aufgeführten Kriterien bestehen statistisch gesicherte Korrelationsbeziehungen, die gegebenenfalls eine Umrechnung erlauben:

So gilt für die Beziehung zwischen Äthanolextrakt und dem in Tabelle 1 nicht mit aufgeführten Dichlormethanextrakt:

$$\%\ \text{Dichlormethanextrakt} = 0{,}42 \times \%\ \text{Äthanolextrakt} + 0{,}08 \quad \left|\ n = 28;\ r = 0{,}70;\ S > 99{,}9\%.\right.$$

Cuoxam-DP nach *Döring* [26] und die Cuoxamviskosität einer 0,5%igen Lösung [28] können gemäß Bild 1 ineinander umgerechnet werden. Zwischen Cellulosegehalt und Ligningehalt der Rohlinters besteht eine sehr straffe Korrelation:

$$\%\ \text{Cellulose} = 95{,}5 - 2{,}31 \times \%\ \text{Lignin} \quad \left|\ n = 30;\ r = 0{,}91;\ S > 99{,}9\%.\right.$$

Danach kann die aufwendige, eine „Probebeuche" erfordernde Cellulosebestimmung in vielen Fällen durch die einfachere Ligninbestimmung ersetzt werden (Bild 2). Auch zwischen Ligningehalt der Rohlinters und Weißgrad nach der Beuche besteht ein statistisch gesicherter Zusammenhang (Bild 3).

Tabelle 1. Konventionelle Analysenkriterien für Linters (RL = Rohlinters, AcL = Acetylierlinters)

Analysenkennziffer	Durchführung an	Durchführung nach	Spannweite	Variationskoeffizient %
Cellulose-Ausbeute	RL	[19]	77.1 ··· 86.3%	0.9
Ligningehalt	RL	[20]	3.3 ··· 8.5%	2.9
Pentosangehalt	RL	[21]	0.9 ··· 2.3%	5.4
	AcL		0.3 ··· 0.7%	5.0
Äthanolextrakt	RL 5 g	[22]	0.8 ··· 2.1%	6.7
	AcL 15 g		0.05 ··· 0.15%	6.8
Protein-N	RL	(*Kjeldahl*)	0.27 ··· 0.34%	8,6
Pektingehalt	RL	[26]	0.70 ··· 1.06%	6.7
Asche-Gehalt	RL	[24]	0.7 ··· 1.8 %	8.0
	AcL		0.02 ··· 0.07%	6.4
Eisen-Gehalt	AcL	(KSCN-Methode)	5 ··· 18 mg/kg	6.0
Calcium-Gehalt	AcL	[33]	25 ··· 130 mg/kg	5.5
Weißgrad	gebeuchte L.	[23]	40 ··· 65 %	2.0
	AcL		84 ··· 90 %	0.3
AS-Wert	AcL	[25]	33 ··· 70 %	3.1
Cuoxam-DP	RL	[27]	2600 ··· 3100	1.1
	AcL		1400 ··· 2100	1.0
Cuoxam-Viskosität	RL	[28]	50 ··· 80 cP	1.7
	AcL		17 ··· 31 cP	2.1
COOH-Gruppen	AcL	[29]	7 ··· 12 mMol/kg	6.7
CO-Gruppen	AcL	[30]	0.2 ··· 2 mMol/kg	23.3

Versucht man die Bedeutung der einzelnen hier diskutierten Kriterien für die Rohlintersbeurteilung einzuschätzen, so ergibt sich nach unseren bisherigen Erfahrungen folgendes Bild: Die Kriterien der Kategorie a), also DP bzw. Viskosität, Carboxyl- und Carbonylgehalt, sind zwar bei Rohlinters verhältnismäßig starken Schwankungen unterworfen, werden jedoch bei Beuche und Bleiche weitgehend nivelliert und in ihrem in den Acetatlinters vorliegendem Niveau im wesentlichen durch die Beuch- und Bleichtechnologie bestimmt. Ähnliches gilt für einige der unter Kategorie b) aufgeführten Kriterien, nämlich für den ohnehin nur gering variierenden Protein- und Pektingehalt sowie im gewissen Umfang auch für den Aschegehalt und die Aschebestandteile. Als Gütekriterien in die engere Wahl zu ziehen sind vor allem der Cellulosegehalt in Relation zum Ligningehalt, der Extrakt- und Pentosangehalt, während der DP des Rohstoffes unter dem Gesichtspunkt der Herstellung von Acetylierlinters mit einem meist relativ hohen End-DP zu wählen ist. Nach

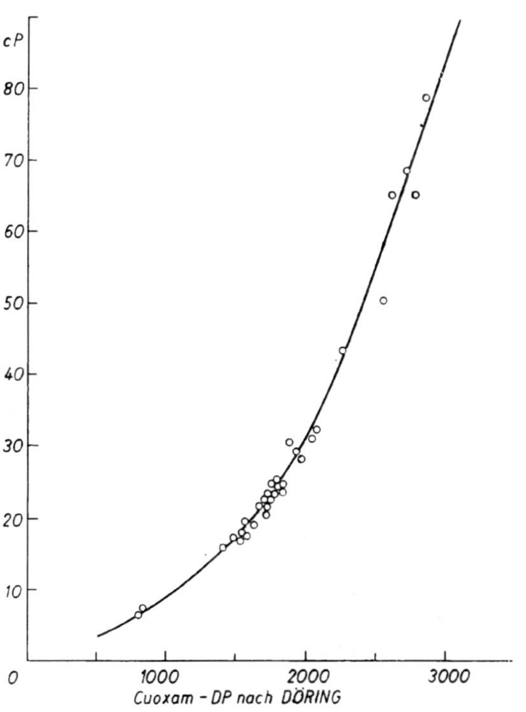

Bild 1. Zusammenhang zwischen der Viskosität 0,5%iger Celluloselösungen in Cuoxam und dem Cuoxam-DP nach *Döring*

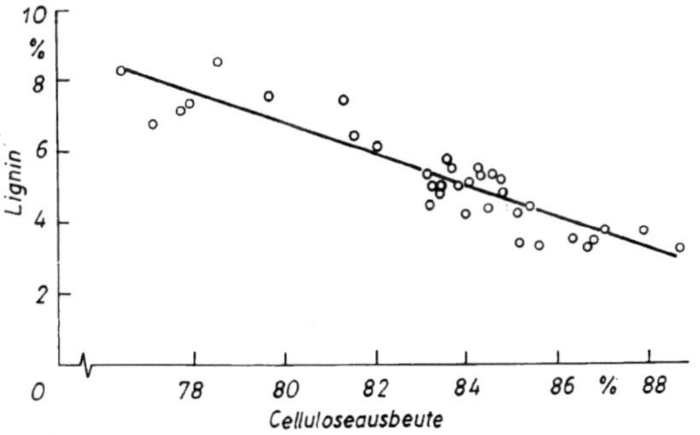

Bild 2. Zusammenhang zwischen dem Ligningehalt und der atro-Celluloseausbeute von Rohlinters

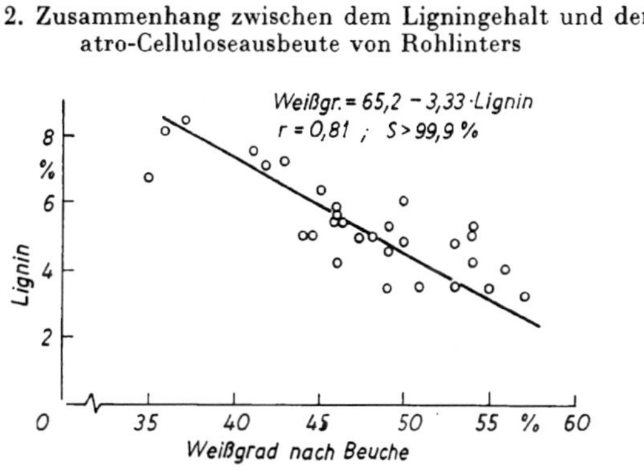

Bild 3. Weißgrad nach der Beuche in Abhängigkeit vom Ligningehalt der Rohlinters

vorliegenden betrieblichen Erfahrungen wirken sich Cellulosegehalte unter 80%, Ligningehalte über 6% und Alkoholextraktgehalte über 1,8% in den Rohlinters deutlich qualitätsmindernd auf das Fertigprodukt aus. Ein hoher Pentosangehalt der Rohlinters deutet zwar auf einen relativ großen Anteil an Fremdpartikeln hin, jedoch zeigen auch die Rohlintersfasern selbst einen Pentosangehalt von etwa 0,8%, der durch eine milde alkalische Wäsche auf etwa 0,6% und durch die übliche Beuche auf etwa 0,3 bis 0,4% absinkt. Dieses Restpentosan ist dann gegenüber weiteren chemischen Angriffen ziemlich resistent, so daß im weiteren Prozeßverlauf kaum noch eine Abnahme eintritt.

Als wesentlichstes Gütekriterium der Rohlinters ist nach unseren Erfahrungen der durch eine Ligninbestimmung erfaßte Anteil an Fremdsubstanzen anzusehen, zumal sich hier auch gesicherte Korrelationen zu den optisch-morphologischen Kenngrößen der Kategorie c) ergeben. Bei diesen optisch-morphologischen Kenngrößen soll im folgenden die Faserlänge und -längenverteilung außer Betracht bleiben, da sie kein Qualitätskriterium für das Fertigprodukt „Acetat", sondern vielmehr ein Verarbeitungskriterium vor allem für den Lintersveredlungsbetrieb darstellt, dessen tolorierbarer Grenzwert in Abhängigkeit von den Aggregaten der Veredlungstechnologie vorgegeben werden muß. Auf die Korrelation zwischen Ligningehalt der Rohlinters und dem Weißgrad nach der Beuche wurde schon hingewiesen. Entsprechend Bild 4 besteht ein Zusammenhang auch zwischen dem Ligningehalt der Rohlinters und dem Sortierverlust bei einer unter definierten Bedingungen vorgenommenen Trockenvorreinigung im Shirley-Analyser, wobei dieser Sortierverlust mit dem Anteil an Fremdpartikeln (Samenschalen, Stengelteile) ansteigt. Es ist daher einleuchtend, daß gemäß Bild 5 ebenfalls eine gesicherte Korrelation besteht zwischen dem Restligningehalt im aussortierten und dann gebeuchten Schmutzstoff und der sog. „Qualitätskennziffer" der Rohlinters, wobei auf Erfahrungsbasis in erster Linie unter Berücksichtigung von Anzahl und Größe der Fremdpartikel und der chemisch-analytischen Kennwerte eine Einstufung der Rohlinterslieferungen in die Qualitätsklassen 1 (sehr schlecht) bis 6 (sehr gut) vorgenommen wird. Zusammenfassend ist festzustellen, daß der sog. Ligningehalt der Rohlinters (H_2SO_4-Unlösliches) brauchbare

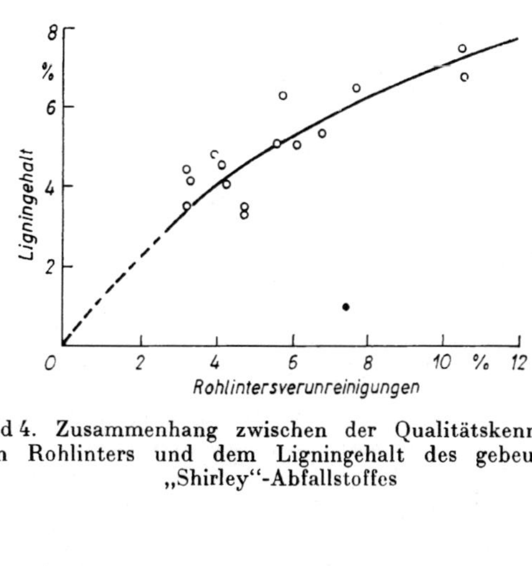

Bild 4. Zusammenhang zwischen der Qualitätskennziffer von Rohlinters und dem Ligningehalt des gebeuchten „Shirley"-Abfallstoffes

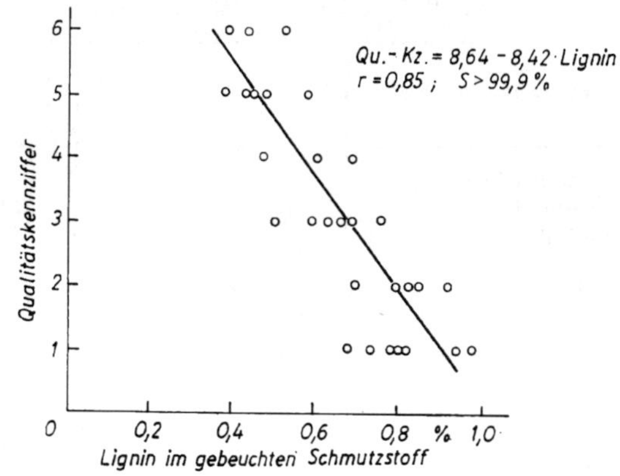

Bild 5. Ligningehalt von Rohlinters in Abhängigkeit vom Gehalt an nichtcellulosischen Verunreinigungen

(Der Anteil nichtcellulosischer Verunreinigungen wurde aus der Menge des Abfallstoffes unter Abzug des Gehaltes an Cellulose ermittelt.)

Aussagen über qualitätsmindernde Beimengungen liefert und gleichzeitig zur Kontrolle des Effekts von Reinigungsoperationen (z. B. Effekt einer Vorreinigungsstufe bzw. Auswirkung der Beuche) während der Veredlungstechnologie geeignet ist.

3.2. *Untersuchungen zur Variation der übermolekularen und morphologischen Faserstruktur bei Linters unterschiedlicher Provenienz*

Rohlintersproben unterschiedlicher Provenienz und unterschiedlicher Qualitätskennziffer wurden zur Angleichung im Gehalt an accessorischen Bestandteilen einer Trockensortierung im Shirley-Reiniger unterworfen, und dann im Rohzustand wie auch nach Beuche und Bleiche hinsichtlich Quellverhalten, Partikelzahl nach Lösen in Cadoxen und Äthanolyse- bzw. Hydrolyseverlauf untersucht.

Wie die im Bild 6 auszugsweise wiedergegebenen mikroskopischen Quellbilder in Cadoxen (Bereitung der Lösung nach [31], 5 min Quelldauer) zeigen, unterscheiden sich zwar die Einzelfasern von ein- und derselben Probe z. T. erheblich in ihrem Quellzustand, und auch der Einfluß einer Beuchbehandlung ist aus dem weitgehenden Ausbleiben der vorher beobachteten Kugelbauchquellung deutlich zu sehen, aber es treten keine signifikanten Unterschiede zwischen den einzelnen Lintersproben auf. Auch die statistische Auswertung der Dickenzunahme von jeweils 60 bis 80 Einzelfasern im gequollenen Zustand ergab nur geringe Differenzen zwischen den Mittelwerten der einzelnen Proben (Spannweite zwischen 464 und 490% relativer Dickenzunahme) und schon gar keine Korrelation zur betrieblichen Verarbeitbarkeit. Analoges gilt für die Quellbilder verschiedener Muster fertiger Acetatlinters nach 15 min Anacetylierung (Bild 7), wobei hier die Unterschiede im Mittelwert der Dickenquellung noch geringer waren (Spannweite 220 bis 234%).

Einige nach Auflösen von Acetatlintersproben in Cadoxen durch konduktometrische Partikelzählung der Lösung erhaltenen Teilchenzahlen (vgl. [31]) sind in Tabelle 2 zusammengefaßt. Auch hier lassen die Teilchenzahlen der aus vorgereinigten Rohlinters hergestellten Proben bei nur geringer Spannweite keine

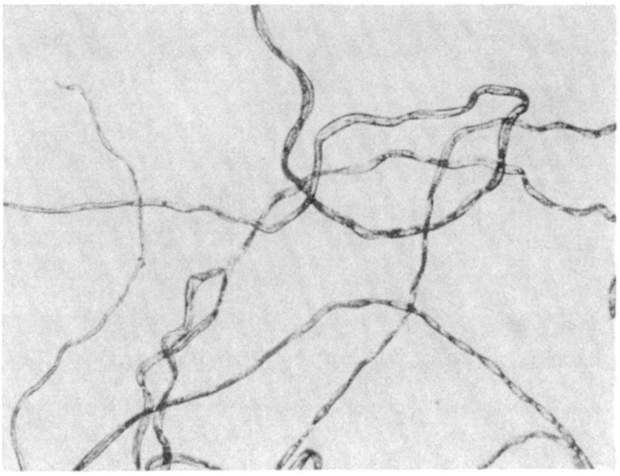

Ohne Cadoxen

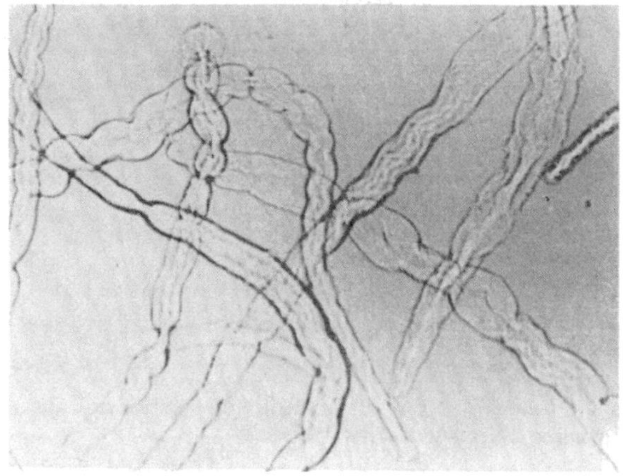

5 min in Cadoxen

a und *b* — Acetat-Linters aus Rohlinters der Qualität „6"

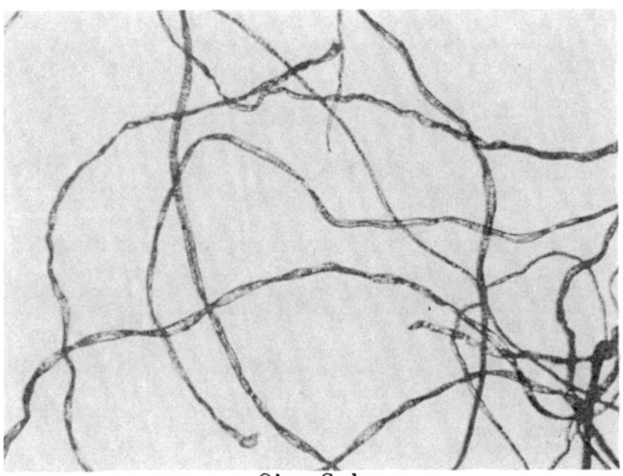

Ohne Cadoxen

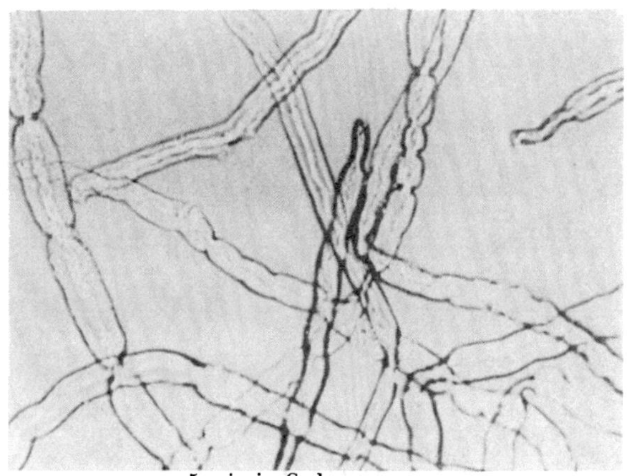

5 min in Cadoxen

c und *d* — Acetat-Linters aus Rohlinters der Qualität „3"

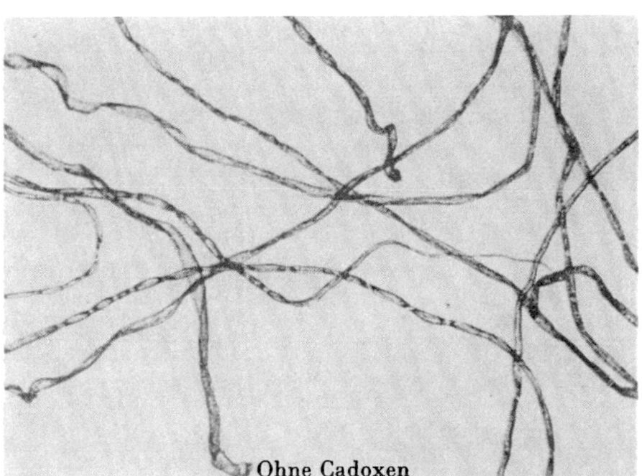

Ohne Cadoxen

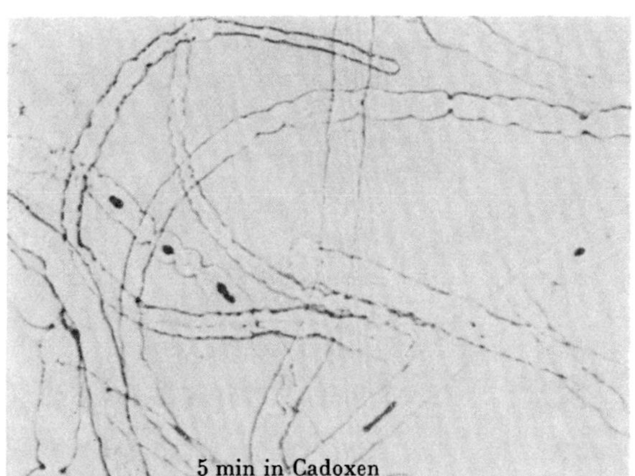

5 min in Cadoxen

e und *f* — Acetat-Linters aus Rohlinters der Qualität „1"

Bild 6. Quellung von gebleichtem Linters in Cadoxen (Vergrößerung 60fach)

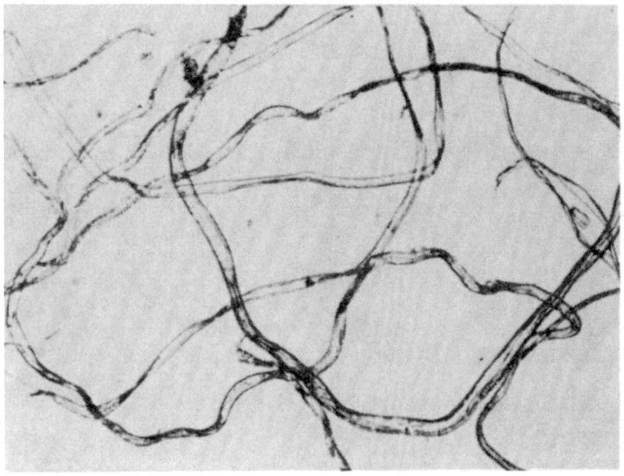
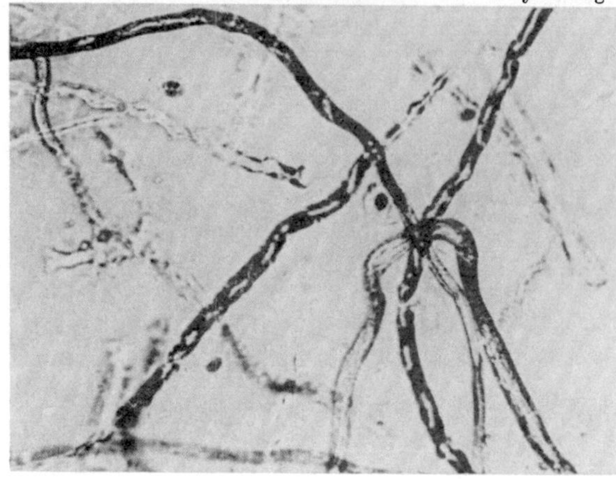

15 h in Eisessig — 15 min acetyliert

a und *b* — Acetat-Linters aus Rohlinters der Qualität „6“

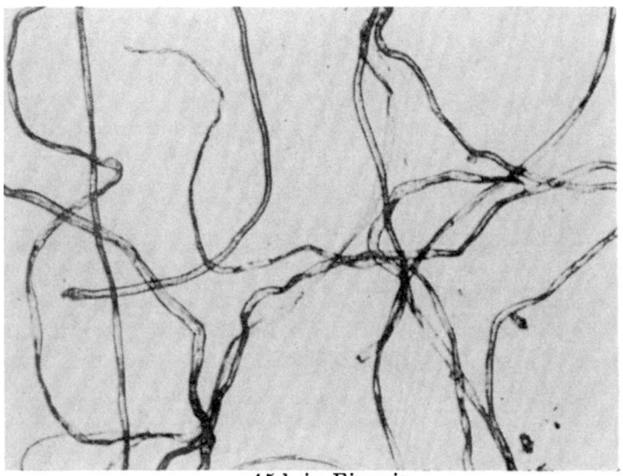
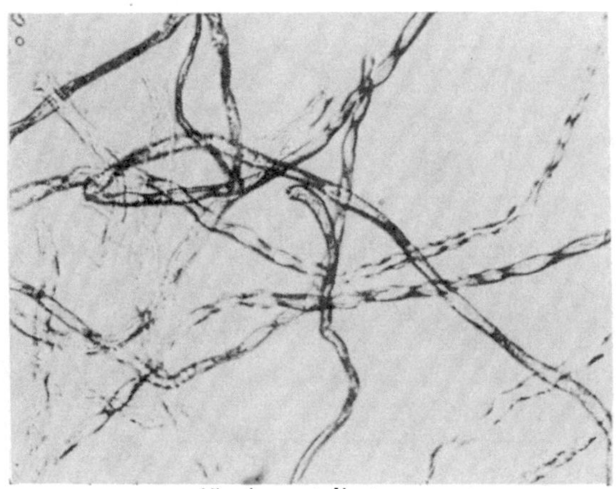

15 h in Eisessig — 15 min acetyliert

c und *d* — Acetat-Linters aus Rohlinters der Qualität „4“

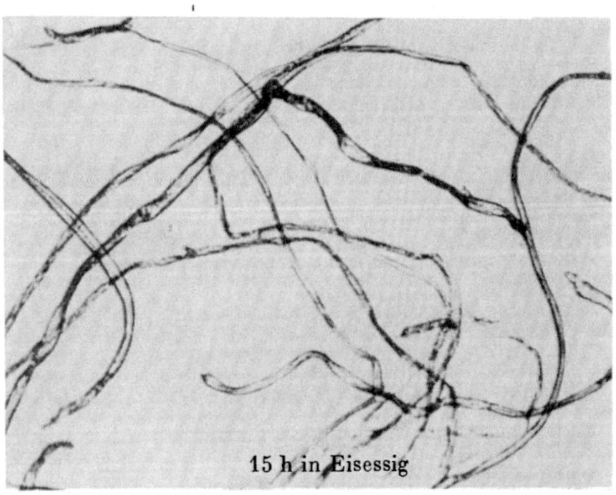
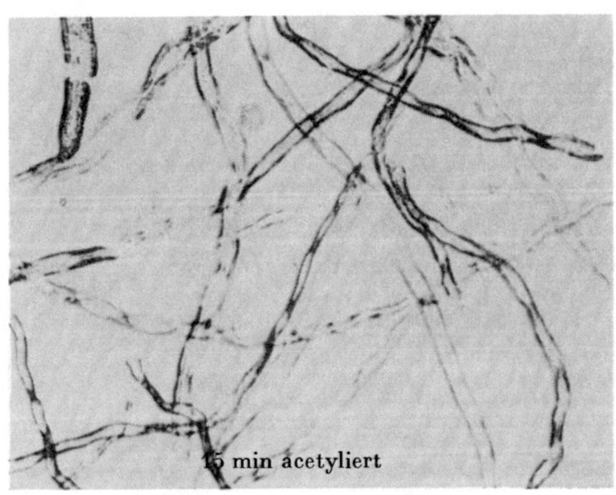

15 h in Eisessig — 15 min acetyliert

e und *f* — Acetat-Linters aus Rohlinters der Qualität „1“

Bild 7. Quellung der Linters nach Anacetylierung (Vergrößerung 60fach)

Tabelle 2. Konduktometrisch erhaltene Partikelzahlen von Lintersproben in Cadoxen

Probe	Qualitätskennziffer	vorgereinigt	Teilchen pro g Celluloseeinwaage > 10 μm	> 20 μm	> 30 μm
I	6	ja	121 000	22 000	1 200
I	6	nein	171 000	17 000	1 000
II	5	ja	99 000	20 000	500
II	5	nein	157 000	23 000	500
III	4	ja	103 000	19 000	800
IV	3	ja	123 000	25 000	1 400
V	2	ja	135 000	19 000	400
VI	1	ja	119 000	21 000	1 600
VI	1	nein	230 000	26 000	800

Beziehung zur Qualitätskennziffer erkennen. Die Gesamtteilchenzahlen (Teilchen > 10 μm) der nicht vorgereinigten Proben liegen grundsätzlich *über* denen der vorgereinigten, wobei in diesem Falle eine zunehmende Tendenz mit steigendem Gehalt an beigemengten Verunreinigungen festzustellen ist (Vergleich von Probe I und II mit Probe VI).

Der LDOP nach heterogenem äthanolytischem Abbau schwankte für 30 verschiedene Rohlintersproben in den engen Grenzen zwischen 164 und 183 (Cuoxam-DP), ohne daß sich irgendwelche Korrelationen zu anderen Analysendaten oder zur Qualitätseinstufung erkennen lassen. Für eine eingehendere Untersuchung des Verhaltens bei einer Äthanolyse mit 10%iger H_2SO_4 in reinem Äthanol bei 80 bis 85 °C (titrierbarer Säuregehalt 5,8%, vgl. [32]) und bei einer Hydrolyse mit 5,8%iger wäßriger H_2SO_4 bei gleicher Temperatur wurden einige Lintersproben ausgewählt, bei denen es sich z. T. um verschieden vorbehandelte Rohlinters, z. T. um gebeuchte und gebleichte Stoffe sowohl der eigenen Produktion als auch um gebleichte Konkurrenz-Lintersmuster handelte (Tabelle 3).

Tabelle 4. Kennwerte der Lintersacetylierung

Kennwert und seine Ermittlung	Spannweite	rel. Standardabweichung %
Acetylierdauer bis zum vorgegebenen Kugelfallwerk	85 ... 115 min	14,9
Filterzahl (FZ) der Rohlösung nach Laboracetylierung [18], Nessel/Watte/Batist-Filter	65 ... 86	4,3
Filterzahl (FZ) der Lösungen techn. Triacetate (Nessel/Watte/Batist)	75 ... 86	3,7
R_v-Wert der Rohlösung nach Laboracetylierung [18]	800 ... 1 400	5,5
Absorptionswert der filtrierenden Rohlösung nach Laboracetylierung*)	35 ... 65	4,4
Trübungswert der filtrierenden Rohlösung nach Laboracetylierung**)	12 ... 25	9,3

*) gemäß Werkstandard ZEPA N 59-13 bestimmt mittels SPEKOL (VEB Zeiß Jena) bei λ = 420 mm.

**) gemäß Werkstandard ZEPA N 59-15 mittels SPEKOL (VEB Zeiß Jena) und Trübungsmeßansatz TK gegen Trübglasstandard bei λ = 480 mm.

Deutlich erkennbare Unterschiede treten erwartungsgemäß zwischen Rohlinters und den durch Beuche und Bleiche veredelten Produkten hervor, indem erstere einen etwas höheren LODP, einen höheren Äthanolyse- bzw. Hydrolyseverlust und einen wesentlich höheren

Tabelle 3. Kennwerte zu Äthanolyse und Hydrolyse verschiedener Lintersproben

Probenbezeichnung	Cuoxam-DP	LOPD nach Äthanolyse	LOPD nach Hydrolyse	Masseverlust bei LODP in % Äthanolyse	Masseverlust bei LODP in % Hydrolyse	COOH-Gehalt mmol/kg Äthanolyse	COOH-Gehalt mmol/kg Hydrolyse	H_2O-Sorption (Ausgangsstoff) 20 °C, 65% r. F.
Acetatlinters A (Konkurrenzmuster)	1 970	161	191	3,3	2,2	11	8	6,4
Acetatlinters B (Konkurrenzmuster)	1 420	152	—	3,5	—	11	—	6,5
Acetatlinters C (eig. Produkt)	1 810	164	—	3,2	—	10	—	6,3
Acetatlinters D (Laborkochg.)	1 680	166	179	3,5	2,1	11	8	6,3
Nitratlinters A (Konkurrenzmuster)	950	164	—	3,6	—	12	—	6,4
Nitratlinters B (eig. Produkt)	760	159	—	3,7	—	12	—	6,3
Rohlinters (Qualitätskennz. „3")	2 610	170	209	6,7	5,6	27	27	6,8
Rohlinters, gereinigt	2 720	163	—	5,1	—	22	—	7,0
Spuckstoff Rohlintersreinigung	1 650	147	—	7,0	—	33	—	8,5

Carboxylgruppengehalt im hydrolyseresistenten Material aufwiesen. Die abweichenden Werte des Spuckstoffes aus der Rohlintersreinigung sind auf dessen hohen Gehalt an Begleitkohlehydraten zurückzuführen. Innerhalb der sechs veredelten Lintersproben recht unterschiedlicher Provenienz und Ausgangs-DP's jedoch zeigen die hier betrachteten Kriterien keinerlei gesicherte Unterschiede, was recht eindeutig darauf hinweist, daß die übermolekulare Ordnung in veredelten Linters unterschiedlicher Provenienz und Herstellungstechnologie praktisch gleich ist.

3.3. Zusammenhänge zwischen Analysenkennwerten von Linters und deren Verhalten bei einer Acetylierung

Tabelle 4 gibt eine Zusammenstellung der von uns zur Beurteilung der Acetylierbarkeit veredelter Linters herangezogenen Kennzahlen sowie der mit unserem Probenmaterial beobachteten Spannweite der Werte und der relativen Standardabweichung als Reproduzierbarkeitskriterium. Mit Ausnahme des höheren Variationskoeffizienten für die Acetylierdauer entspricht die Reproduzierbarkeit der hier aufgeführten Kennwerte der für die chemischen Analysenkennwerte der Linters beobachteten (vgl. Tabelle 1).

Statistisch gesicherte Korrelationsbeziehungen wurden zwischen einigen Analysenkennwerten der Acetatlinters und den optischen Kennwerten daraus im Labormaßstab hergestellter Triacetat-Rohlösungen entsprechend den folgenden Regressionsgleichungen ermittelt:

Calcium (mg/kg) $= 10{,}74 \times$ Trübungswert $- 121$ | ($n = 15$, $r = 0{,}81$, $S > 99{,}9\%$)

Eisen (mg/kg) $= 0{,}60 \times$ Absorptionswert $- 19{,}6$ | ($n = 15$, $r = 0{,}76$, $S > 99\%$)

AS-Wert d. Linters $= 2{,}08 \times$ Absorptionswert des Acetats $- 55$ | ($n = 15$, $r = 0{,}75$, $S > 99{,}8\%$).

Der damit nachgewiesene schädliche Einfluß auch kleiner Mengen an Eisen und Calcium auf die optischen Kennwerte der Acetatlösungen bestätigt frühere Feststellungen von *Sihtola* und *Kaila* [10]. Der nach Auflösen in H_2SO_4 zu ermittelnde AS-Wert der Linters

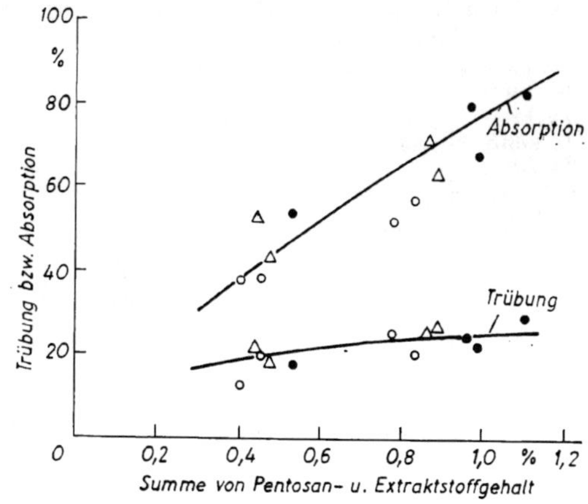

Bild 8. Absorptions- und Trübungswert von Cellulosetriacetatlösungen in Abhängigkeit vom Pentosan- und Äthanolextrakt-Gehalt der gebleichten Linters
o Gebleichte Linters aus Rohlinters der Qualität „6"
△ Gebleichte Linters aus Rohlinters der Qualität „3"
• Gebleichte Linters aus Rohlinters der Qualität „1"

schafft für die Lintersanalytik die interessante Möglichkeit, ohne Laboracetylierung optische Eigenschaften des Endproduktes voraussagen zu können. Nur im Falle sehr schlechter Acetatlinters mit erhöhtem Restlignin-, Pentosan- und Extraktstoffgehalt, bei denen infolge mangelhafter Beuche die Fremdsubstanzen nicht genügend weitgehend entfernt waren, lies sich darüber hinaus gemäß Bild 8 ein Zusammenhang zwischen Absorptions- bzw. Trübungswertes des Acetates und der Summe von Pentosan- und Extraktstoffgehalt erkennen.

Wie bereits in unserer früheren Mitteilung [18] betont, besteht für Acetatlinters normaler und guter Qualität keine Korrelation zwischen den Filtrationskriterien der Acetatlösung und den wesentlichen analytischen Kennziffern der Linters, wie DP, Carboxylgruppengehalt, Pentosangehalt, Asche und Extraktstoffen. Bei infolge ungenügender Beuche schlechteren Lintersqualitäten lassen sich hingegen sehr wohl solche Zusammenhänge z. B. zwischen Filterzahl und der Summe von Pentosan- und Extraktstoffgehalt oder der Filterzahl des Acetats und dem AS-Wert der Linters erkennen (Bilder 9 und 10). Es gibt also offenbar für diese Fremdsubstanzen eine kritische Konzentrationsgrenze, oberhalb derer sie filtrationsverschlechternd wirken. Morphologische und strukturelle Unterschiede im

Tabelle 5. Vergleich von Acetatlinters aus Rohlinters mit und ohne Vorreinigung

Probe	Rohlinters-güteklasse	Cuoxam-DP	Weißgrad %	Pentosan %	Äthanol-Extrakt %	COOH-Gehalt mmol/kg	AS-Wert %	Filterzahl FZ_{26}	R_v-Wert ml/cm²	Absorptionswert %	Trübung %
				Acetatlinters, hergestellt aus „Shirley"-gereinigten Rohlinters							
A	5	1760	89,3	0,34	0,07	8,1	35	82	1330	37	17
B	6	1735	89,5	0,33	0,08	8,1	34	81	1310	38	16
C	1	1775	89,1	0,34	0,05	8.9	42	81	1270	40	14
				Acetatlinters, hergestellt aus normalen Rohlinters							
A	5	1840	88,7	0,49	0,06	8,6	38	81	1280	40	18
B	6	1755	89,9	0,44	0,05	8,6	36	80	1260	40	19
C	1	1810	85,5	0,73	0,08	10,0	55	65	785	52	20

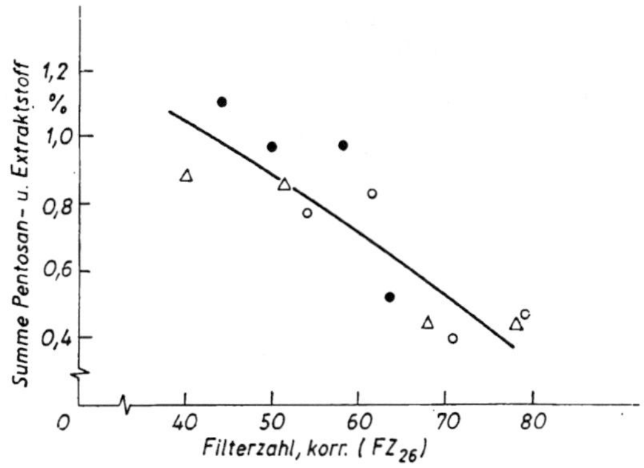

Bild 9. Einfluß des Pentosan- und Extraktstoffgehalt der Linters auf die Filtrierbarkeit (FZ_{26}) daraus hergestellter Acetatlösungen

○ Gebleichte Linters aus Rohlinters der Qualität „6"
△ Gebleichte Linters aus Rohlinters der Qualität „3"
• Gebleichte Linters aus Rohlinters der Qualität „1"

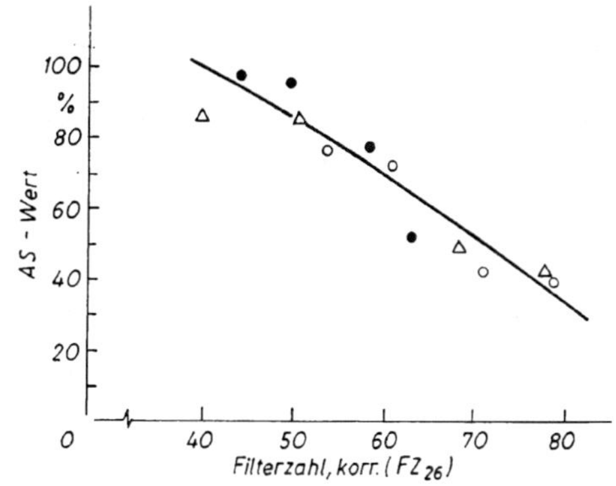

Bild 10. Der Einfluß des AS-Wertes der Linters auf die Filtrierbarkeit (FZ_{26}) daraus hergestellter Acetatlösungen

○ Gebleichte Linters aus Rohlinters der Qualität „6"
△ Gebleichte Linters aus Rohlinters der Qualität „3"
○ Gebleichte Linters aus Rohlinters der Qualität „1"

Cellulosematerial selbst scheiden dagegen als filtrationsbestimmender Faktor weitgehend aus; denn für zehn Acetatlinterschargen, die sehr unterschiedlich filtrierbare Triacetate lieferten (Spannweite der Filterzahlen zwischen 66 und 91) wurden nur sehr geringe Unterschiede in den Partikelzahlen der in Cadoxen gelösten Lintersproben (Spannweite 124000 bis 158000 für die Gesamtteilchenzahl > 10 µm/g Cellulose) und keinerlei Korrelation zwischen den beiden Größen beobachtet.

Welch entscheidende Rolle dagegen eine Entfernung des Großteils der anhaftenden Fremdpartikel durch eine Trockenvorreinigung nicht nur für eine Verbesserung der konventionellen Analysendaten der veredelten Linters, sondern auch für die Filtrationsfähigkeit und den Absorptionswert daraus hergestellter Acetatlösungen spielt, geht aus den Zahlenwerten der Tabelle 5 hervor.

Die im Ausgangszustand ein für die Acetylierung absolut ungeeignetes Produkt liefernde Rohlintersprobe C wird allein durch eine solche Vorreinigung fast völlig an die ausgesprochen „guten" Lintersprovenienzen A und B angeglichen.

4. Zusammenfassende Diskussion und Schlußfolgerungen

Zusammenfassend kann festgestellt werden, daß die Qualität des Endproduktes „Cellulosetriacetat" entscheidend durch die Menge der Fremdsubstanzen in den Rohlinters und durch den Grad ihrer Entfernung im Veredlungsprozeß bestimmt wird, wobei es sich bei den qualitätsbeeinträchtigenden Fremdstoffen — carboxylgruppenreiche Begleitkohlehydrate, ligninähnliche Substanzen und Extraktstoffe — im wesentlichen um solche handelt, die durch die den Linters mechanisch anhaftenden Verunreinigungen (Samenschalen, Stengelteile, Teile von Unkräutern usw.) in den Prozeß eingebracht werden, während andere, vom anatomischen Bau der Baumwollfasern her gegebenen Verunreinigungen wie Proteine, Pektine und wachsartige Verbindungen der Kutikula, im Laufe des Veredlungsprozesses soweit entfernt werden, daß sie als störende Faktoren nicht in Frage kommen. Aus unseren Quellungsuntersuchungen kann gefolgert werden, daß zwar die morphologische Variationsbreite der Fasern innerhalb einer Lintersprobe beträchtlich ist, jedoch im Mittel die Unterschiede zwischen Lintersproben recht unterschiedlicher Verarbeitbarkeit und verschiedenster Provenienz ziemlich gering sind und nach dem hier vorliegenden experimentellen Material als qualitätsbestimmender Faktor ausscheiden. Dies gilt gleichermaßen für die Morphologie der Einzelfaser im mikroskopischen Bereich wie für den durch Äthanolyse und Hydrolyse erfaßbaren übermolekularen Ordnungszustand.

Korrelationsbeziehungen zwischen Analysenkennwerten der Rohlinters und den optischen sowie Filtrationseigenschaften der Acetate lassen sich dann erkennen, wenn bei gegebener Reinigungs- und Veredelungstechnologie der Gehalt der Rohlinters an beigemengten Verunreinigungen einen gewissen Grenzwert überschreitet oder wenn bei gegebenem Anteil an solchen Verunreinigungen die Beuchstufe zu mild durchgeführt wird. Hierbei scheinen die optischen Kennwerte des Acetats empfindlicher auf solche Verunreinigungen anzusprechen als das Filtrationsverhalten, wobei hier nochmals auf die schädliche Rolle der Eisen- und Calciumionen hingewiesen sei und damit auf die Notwendigkeit der Einstellung niedriger Carboxylgruppengehalte in den veredelten Linters und/oder eine geeignete Betriebswasserführung, die eine Versalzung der in jedem Falle noch vorhandenen COOH-Gruppen mit mehrwertigen Kationen ausschließt.

Nach den hier vorliegenden Ergebnissen halten wir zur routinemäßigen Charakterisierung der Rohlintersqualität für besonders aussagekräftig einmal die visuelle Beurteilung von Anzahl und Größe der anhaftenden Verunreinigungen, zum anderen den Ligningehalt, der über die hier abgeleitete Regressionsgleichung zugleich Rückschlüsse auf die Celluloseausbeute erlaubt, sowie in zweiter Linie die Bestimmung des Pentosan-, Asche- und Extraktstoffgehaltes. Zur Beurteilung der veredelten Linters kann der AS-Wert empfohlen werden, zumal er eine gewisse Vorhersage der zu erwartenden optischen Kennwerte des Cellulosetriacetats ermöglicht, sowie selbstverständlich auch der Carboxylgruppen-, Eisen- und Calciumgehalt. Morphologische und strukturelle Kenngrößen der Linters halten wir im Zusammenhang mit der Acetylierfähigkeit für wenig aussagekräftig, zumindest sofern handelsübliche Provenienzen von Linters für die Acetylierung betrachtet werden, und daher für eine Betriebsanalytik ungeeignet.

Literatur

[1] *Jayme, G.*, und *Schenck, U.*: Der Einfluß des Hemicellulosegehaltes und der Reaktionsfähigkeit von Zellstoffen bei der Acetylierung. Melliand Textilber. **31** (1950) S. 153—156.
[2] *Engelmann, H.*: Das verschiedene Verhalten von Baumwoll-Linters und Holzzellstoff bei der Acetylierung. Papier **5** (1951) S. 149—155.
[3] *Bradway, K. E.*: A Investigation of the haze in Cellulose acetates from wood pulp. Tappi, New York **37** (1954) 10, S. 440—446.
[4] *Kretzschmar, G.*: Linters als Rohstoff für Zellstoffe höchster Qualität. Zellstoff u. Papier **8** (1959) 1, S. 13—19.
[5] *Matsuzaki, K.*, und *Ward, K.*: The nonglucose sugar units in cellulose acetate. Tappi, New York **41** (1958) 8, S. 396—402.
[6] *Borgen, G. L.*: Undissolved fibres in acetate solutions of wood pulp. Norsk Skogind. **14** (1960) 2, S. 58—64.
[7] *Conca, R. J.*, *Kelvin-Hamilton, J.*, und *Kirchner, H. W.*: Haze in cellulose acetate. Tappi, New York **46** (1963) 11, S. 644—648.
[8] *Borgen, G. L.*: Turbidity in acetate solutions of wood pulp. Norsk Skogind. **15** (1963) 5, S. 3—8.
[9] *Golub'ev, K. M.*: Über die Gelteilchenverteilung in Lösungen von Celluloseacetat. Chim. Volokna (Chem. Fasern) (1966) 1, S. 47—51; dt. in: Sowjet. Beitr. Faserforsch. Textiltechnik **3** (1966) 6, S. 298—303.
[10] *Sihtola, H.*, und *Kaila, E.*: The influence of the ash constituents on the acetylation behaviour of pulp. Paperi ja Puu, Helsinki (Papier und Holz) **39** (1957) 4a, S. 143—150.
[11] *Jacopian, V.*: Beuche und Bleiche. Zellstoff u. Papier **14** (1965) 4, S. 101—104.
[12] *Leser, A.*: Die Bedeutung der Herstellungsmethode des Zellstoffes für seine Acetyliereignung. Papier **24** (1970) 12, S. 910—915.
[13] *Erochina, V. G.*: Technologie zur Herstellung von hochveredelter Baumwoll-Cellulose für die Celluloseacetat-Produktion. Chemie und Technologie der Cellulosederivate (russisch). Moskva 1964, S. 141—150.
[14] *Turunen, J.*, und *Turunen, K.*: Some facts causing colour in acetate pulp and cellulose acetate. Pure appl. Chem. **14** (1967) 3/4, S. 555—562.
[15] *Engelmann, H.*: Quellungserscheinungen und Reaktionsweise bei der Lösungsacetylierung von Cellulose. Papier **11** (1957) 13/14, S. 287—293.
[16] *Jacopian, V.*: Veredelung von Linters zur Herstellung von Acetylier-Zellstoffen. Celuloză şi Hîrtie, Bucureşti (Cellulose u. Papier) **15** (1966) 7, S. 258—262.
[17] *Stohn, D.*: Rohlinterstestung mit Hilfe des Shirley-Analysers. Unveröffentlichter Forschungsbericht, VEB Vereinigte Zellstoffwerke Pirna 1967.
[18] *Wießner, P.*, und *Philipp, B.*: Untersuchungen zu Filterwert-Bestimmung von Cellulosetriacetat-Lösungen und zur Analytik von Linterszellstoffen. Zellstoff u. Papier **19** (1970) 5, S. 141—148.
[19] USA-Standard: A.O.C.S.Bb-3-47: Bestimmung der Celluloseausbeute.
[20] *Jayme, G.*, *Knolle, H.*, und *Rapp, G.*: Entwicklung und endgültige Fassung der Ligninbestimmungsmethode nach Jayme-Knolle. Papier **12** (1958) 17/18, S. 464—467; s. a.: DDR-Standard TGL 8-2009.
[21] *Jayme, G.*, und *Büttel, H.*: Vergleich verschiedener Pentosanbestimmungsmethoden einschließlich einer neuen ISO-Methode. Papier **22** (1968) 5, S. 249—253.
[22] DDR-Standard TGL 8-2013: Bestimmung des Gehaltes an Extraktstoffen (1966).
[23] DDR-Standard TGL 7477: Bestimmung des Weißgrades (1962).
[24] DDR-Standard TGL 20102: Bestimmung der Asche (1964).
[25] Werkstandard ZEPA-N 59-14 des VEB Vereinigte Zellstoffwerke Pirna: Bestimmung der Absorption in Schwefelsäure (AS-Wert) (1970).
[26] *Stark, M.*: Determination of pectic substances in cotton. Analytic. Chem. **22** (1950) 9, S. 1158—1160.
[27] *Döring, H.*: Zur Bestimmung des Polymerisationsgrades von Zellstoffen in der Betriebskontrolle. Papier **8** (1954) 17/18, S. 383—387.
Philipp, B., *Linow, K.*, und *Hahn, R.*: Viskositätsbestimmung von Zellstoffen nach der Cuoxam-Methode. Zellstoff u. Papier **16** (1967) 5, S. 133—137.
[28] Werkstandard ZEPA-N 59-12 des VEB Vereinigte Zellstoffwerke Pirna. Bestimmung der Kupferviskosität (1970).
[29] *Philipp, B.*, *Rheder, W.*, und *Lang, H.*: Zur Carboxylbestimmung in Chemiezellstoffen. Papier **19** (1965) 1, S. 1—8.
[30] *Norstedt, I.*, und *Samuelson, O.*: Determination of carbonyl groups in bleached wood pulp. Svensk Papperstidn. **69** (1966) 13, S. 441—446.
[31] *Philipp, B.*, und *Baudisch, J.*: Zum Einfluß des Gelteilchengehaltes von Viskosespinnlösungen auf den übermolekularen Bau daraus hergestellter Cellulose-Regeneratfäden. Faserforsch. u. Textiltechnik **14** (1963) 7, S. 247—280.
[32] *Philipp, B.*, *Baudisch, J.*, *van-Nghi, D.*, und *Lang, H.*: Zur Änderung des Carboxylgruppengehaltes von Cellulose beim heterogenen äthanolytischen Abbau. Cellulose Chem. Technology, Jassy/Rum. **2** (1968) 3, S. 119—130.
[33] Skandinavischer Standard SCAN-C 10:62: Bestimmung des Calciumgehaltes.

Eingegangen am 20. Dezember 1972

Faserforschung und Textiltechnik 24 (1973) Heft 6

Zur Kinetik der Polyäthylenterephthalatbildung im offenen System

I. Polykondensation von Bis-(β-hydroxyäthyl)-terephthalat in einem gerührten Polykondensationssystem

Gerald Rafler, Eckhard Bonatz und Gerhard Reinisch

Akademie der Wissenschaften der DDR, Institut für Polymerenchemie in Teltow-Seehof, Abt. Polykondensate

DK 678.674'524'420:[66.095.3:678.6]:541.128:541.127.1:541.12.035/.036

In einem zwangsdurchmischten Polykondensationssystem wurde die Kinetik der Polyäthylenterephthalatbildung in Abhängigkeit von Katalysatortyp, Katalysatorkonzentration und Reaktionstemperatur untersucht. Die erhaltenen Gesetzmäßigkeiten zum Einfluß der verschiedenen untersuchten Reaktionsparameter auf die effektive Reaktionsgeschwindigkeit der metallionenkatalysierten Polyumesterung von Bis-(β-hydroxyäthyl)-terephthalat ergaben eindeutige Aussagen zur Ordnung und zum Chemismus dieser Polymerbildungsreaktion.

О кинетике образования полиэтилентерефталата в открытой системе

I. Поликонденсация бис-(β-оксиэтил)-терефталата в системе с перемешиванием

В условиях поликонденсации с вынужденным перемешиванием изучалась кинетика образования полиэтилентерефталата в зависимости от типа и концентрации катализатора и температуры реакции. Найденные закономерности влияния различных исследованных параметров реакции на эффективную скорость реакции полипереэтерификации бис-(β-оксиэтил)-терефталата, катализируемой ионами металлов, позволили однозначно выяснить порядок и механизм этой реакции получения полимеров.

The Kinetics of the Formation of Polyethylene Terephthalate in an Open System.

I. Polycondensation of Bis-(β-hydroxyethyl)-terephthalat in a Stirred Polycondensation System

The kinetics of the formation of polyethylene terephthalate in a polycondensation system subjected to stirring has been investigated in dependence of the kind and concentration of catalysts and on the reaction temperature. The relationships between the reaction parameters investigated and the actual reaction rate of the polytransesterification of bis-(β-hydroxyethyl)-terephthalate catalysed by metal ions provided information on the order and mechanism of this reaction.

1. Einleitung

Die Bildung von Polyäthylenterephthalat aus Bis-(β-hydroxyäthyl)-terephthalat erfolgt durch Polyumesterung unter Abspaltung von Glykol. Zum Erreichen hoher rel. Molmassen wird die Reaktion katalysiert durchgeführt, und es ist für eine schnelle und möglichst weitgehende Entfernung des Reaktionsglykols zu sorgen. Die Schmelzepolykondensation wird daher im Vakuum durchgeführt und die Polymerenschmelze dabei intensiv durchmischt oder zu dünnen Schichten ausgebreitet.

Bei unseren kinetischen Untersuchungen wendeten wir beide genannten Versuchstechniken an. Die Polyäthylenterephthalatbildung wurde in einem durchmischten Polykondensationssystem bei konstant gehaltenem Einfluß des Stofftransports sowie in statischer dünner Schicht bei Variation der Schichtdicke untersucht. In dieser ersten Mitteilung sollen die Arbeitsmethodik sowie Ergebnisse über den Einfluß verschiedener Reaktionsparameter (Katalysatortyp, Katalysatorkonzentration, Temperatur) auf die Reaktionsgeschwindigkeit in dem durchmischten System vorgelegt werden.

2. Experimentelle Methodik und Auswerteverfahren

Die Kinetik der Polyäthylenterephthalatbildung bei $\overline{P}_n > 20$ kann am besten und sichersten mittels viskosimetrischer Polymerisationsgradbestimmung erfaßt werden.

Für unsere kinetischen Untersuchungen benutzten wir die in Bild 1 dargestellte apparative Anordnung.

Die Polykondensationen im gerührten System wurden in der bekannten Glasapparatur mit Schneckenrührer durchgeführt [1]. Die Identitätsperiode des Rührers betrug 35 mm, die Rührgeschwindigkeit 100 ± 2 U/min. Die Thermostatierung der Polykondensationsapparatur erfolgte in einem Salzbad zu $\pm 0{,}3$ grd. Pro Ansatz wurde 1/6 mol Bis-(β-hydroxyäthyl)-terephthalat ($F = 111\,°C$; [COOH] $< 1\ \mu$ Äqu/g) eingesetzt. Diese Einwaage, kombiniert mit den angeführten Durchmischungsverhältnissen, entspricht einer effektiven Schichtdicke von ca. 0,6 mm im statischen System, wie sich aus dem Vergleich der Geschwindigkeitskonstanten für die mit der Katalysator-Inhibitor-Kombination ($3 \cdot 10^{-4}$ mol/mol $Mn(ac)_2$, $3 \cdot 10^{-4}$ mol/mol $Sb(ac)_3$, $6 \cdot 10^{-4}$ mol/mol Triphenylphosphat) katalysierte Reaktion ergab [5].

Es wurde halbstündlich eine Probe entnommen, von der viskosimetrisch der Polymerisationsgrad in Phenol (1)/Tetrachloräthan (1) bei $20°C \pm 0{,}02$ grd bestimmt wurde. $[\eta]$ wurde nach *Frind* [2], $\overline{P}_n$ nach *Koepp* und *Werner* [3] berechnet.

Der kinetischen Auswertung wurden im allgemeinen die Experimentalergebnisse von drei Parallelpolykondensationen zugrunde gelegt. Für die manganionenkatalysierte Reaktion ergab sich bei zehn Parallelversuchen die in Tabelle 1 wiedergegebene Reproduzierbarkeit [4].

Über die im folgenden noch zu beschreibende kinetische Auswertung ergab sich aus den einzelnen $\overline{P}_n = f(\tau)$ mittels

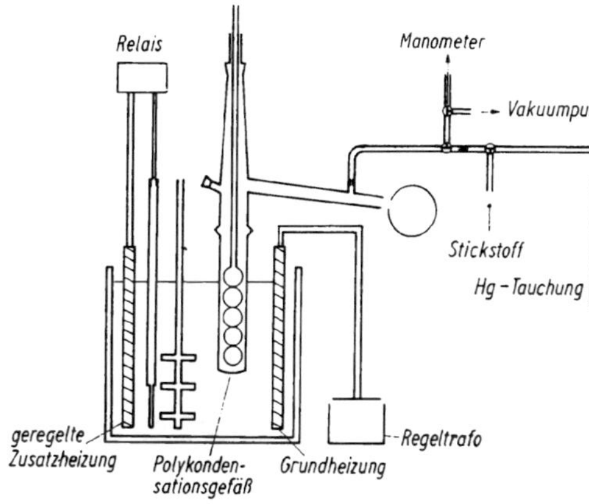

Bild 1. Schematische Darstellung der Polykondensationsapparatur (durchmischtes System)

Tabelle 1. Reproduzierbarkeit der Polykondensation von Bis-(β-hydroxyäthyl)-terephthalat

Katalysator $3 \cdot 10^{-4}$ mol/mol $Mn(ac)_2$; *t*: 280 °C

τ min	$\overline{P}_n$	$s(\overline{P}_n)$	$q(\overline{P}_n)$	$v(\overline{P}_n)$ %
50	44,6	3,9	2,8	8,7
80	62,3	5,4	3,9	8,7
110	76,7	5,5	4,0	8,8
140	89,8	5,2	3,7	6,8
170	102,4	6,4	4,6	6,3
200	115,0	7,2	5,2	6,3
230	125,6	7,9	5,7	6,3

linearer Regression (auf Calculator 9100 B der Fa. Hewlett-Packard) für die Geschwindigkeitskonstante eine Standardabweichung von $s = 0{,}09 \cdot 10^{-3}$ g/mmol s entsprechend einem Variationskoeffizienten $v = 6{,}0\%$.

Auf Grund neuerer Literaturangaben [5], eigener früherer [6] sowie der hier dargestellten Ergebnisse (vgl. Tabelle 2, Bilder 2 und 3) dürfte es als gesichert gelten, daß die metallionenkatalysierte Polyäthylenterephthalatbildung nach einem Zeitgesetz zweiter Ordnung verläuft. Für ein Zeitgesetz zweiter Ordnung gilt allgemein

$$\frac{1}{c_\tau} - \frac{1}{c_0} = k\tau.$$

Da Polyäthylenterephthalatmoleküle jeweils zwei gleichartige Endgruppen tragen, die untereinander reagieren, gilt für die einzusetzende Konzentration zum Zeitpunkt τ

$$c_\tau = \frac{10^3}{\overline{M}_{n\tau}} \quad \text{in mmol/g}.$$

Daraus folgt

$$k = \frac{1}{10^3\,\tau}\,(\overline{M}_{n\tau} - \overline{M}_{n_0}).$$

Für $\overline{M}_n$ gilt

$$\overline{M}_n = M_{\text{mon}}\,\overline{P}_n + 62{,}07,$$

und damit ergibt sich

$$k = \frac{M_{\text{mon}}}{10^3\,\tau}\,(\overline{P}_n - \overline{P}_{n_0}).$$

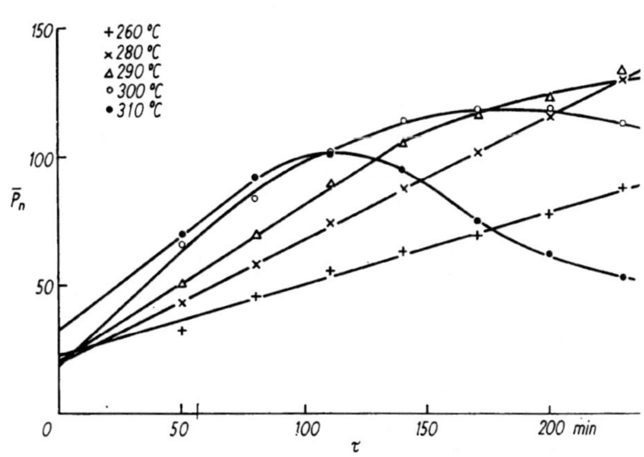

Bild 2. Polykondensation von Bis-(β-hydroxyäthyl)-terephthalat
Katalysator: $3 \cdot 10^{-4}$ mol $Mn(ac)_2$/mol Monomeres

Tabelle 2. $k_{II}(\tau)$-Werte der Polykondensation von Bis-(β-hydroxyäthyl)-terephthalat

Katalysator: $3 \cdot 10^{-4}$ mol/mol $Mn(ac)_2$
$3 \cdot 10^{-4}$ mol/mol $Sb(ac)_3$
$6 \cdot 10^{-4}$ mol/mol Triphenylphosphat
t: 270 °C

τ min	k 10^{-3} g/mmol s
30	2,61
60	2,77
90	2,47
120	2,39
150	2,40
180	2,50
210	2,60
240	2,71
270	2,60
300	2,45

Bei Auswertung über $\overline{P}_n$ wird die durch die Glykolabspaltung im System entstehende Masseänderung mitberücksichtigt, da sowohl bei stöchiometrischer als auch bei viskosimetrischer Polymerisationsgradbestimmung Polymerproben entnommen wurden, die das abgespaltene Glykol nicht mehr enthalten.

Für eine zweite Reaktionsordnung ist die Funktion $\overline{P}_n = f(\tau)$ linear, und die Reaktionsgeschwindigkeitskonstante läßt sich aus dem Anstieg der $\overline{P}_n$-τ-Geraden bestimmen.

3. Diskussion der Ergebnisse

3.1. Reaktionsordnung

Die Konstanz der $k_{II}(\tau)$-Werte in Tabelle 2 sowie die Linearität von $\overline{P}_n = f(\tau)$ für $Mn(ac)_2$ bei 260 und 280 °C (Bild 2) sowie für $Sb(ac)_3$ bei 260 °C, 280 °C und 290 °C (Bild 3) belegen eindeutig das Zeitgesetz zweiter Ordnung unabhängig vom eingesetzten Katalysator.

Die in den Bildern 2 und 3 bei höheren Reaktionstemperaturen zu beobachtenden Abweichungen vom

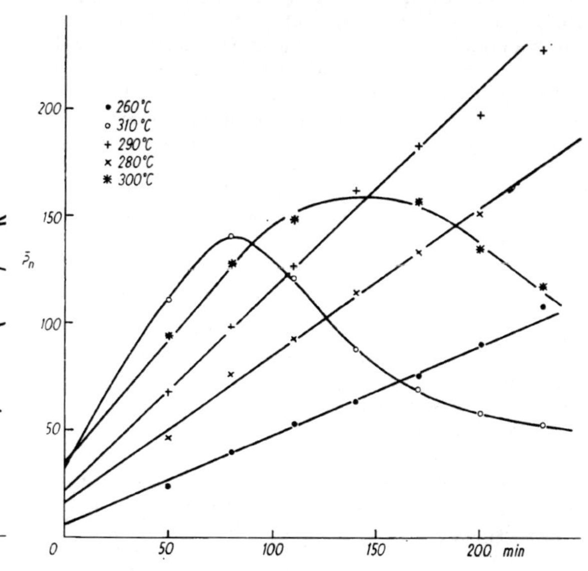

Bild 3. Polykondensation von Bis-(β-hydroxyäthyl)-terephthalat
Katalysator: $3 \cdot 10^{-4}$ mol $Sb(ac)_3$/mol Monomeres

Zeitgesetz sind auf thermisch bedingte Nebenreaktionen zurückzuführen, die der eigentlichen Polymerbildungsreaktion überlagert sind. Auf sie wird in einer folgenden Mitteilung näher eingegangen werden [7].

3.2. *Abhängigkeit der Reaktionsgeschwindigkeit von Katalysatortyp und Katalysatorkonzentration*

Die Carbonestergruppierung ist befähigt, eine koordinative Bindung zu einem zentralen Metallatom über die Carbonylgruppe auszubilden. Sie fungiert dabei als einzähliger Ligand. Diese Komplexe sind gegenüber Donatormolekülen substitutionsinstabil. Bei Einbeziehung von Estergruppierung und Metallion in ein Chelatsystem erhöht sich jedoch die Komplexstabilität beträchtlich [8].

In der Literatur sind zahlreiche Beispiele metallionenkatalysierter Esterreaktionen beschrieben [9], die einen Spezialfall der sogenannten „Superprotonenkatalyse" darstellen [10]. Primärschritt bei dieser Katalyse ist die Koordination des Metallions an die Estercarbonylbindung, die die Polarität dieser Bindung erhöht und damit den Angriff eines nucleophilen Agens erleichtert. Die polarisierende Wirkung eines Metallions hängt sowohl von seiner Ladung als auch von seinem Ionenradius ab, die katalytische Aktivität würde demnach ansteigen, wenn die Kationenladung zu- und der Radius abnimmt. Durch Chelatbildung wird das Metallion direkt in das Substratmolekül eingeführt und damit sein Zutritt zum Reaktionsort erleichtert.

Zudem kann ein Metallion infolge seiner größeren Koordinationssphäre mehrere funktionelle Gruppen koordinativ binden; so kann z. B. auch das nucleophile Agens komplex gebunden werden und damit dessen Angriff auf den positivierten Carbonylkohlenstoff erleichtert werden.

Bei alledem muß jedoch berücksichtigt werden, daß der Metallionenkomplex den Übergangszustand stabilisieren muß, damit die Reaktion ermöglicht wird.

Metallionenkatalysierte Umesterungen substituierter Alkylbenzoate und Di-alkyl-terephthalate verlaufen nach *Zimmermann* und *Schaaf* [11] nach einem solchen „Säureanalog-Mechanismus". Die gegenüber unsubstituierten Estern erhöhte Reaktivität der β-Hydroxyalkylester erklären die Autoren mit der intermediären Bildung eines Metallchelates mit der Hydroxyl- und Carbonylgruppe. Auch *Münstermann* [12] sieht in der Chelatisierung die Ursache für die raschere Spaltung von hydroxysubstituierten Säureamiden gegenüber halogensubstituierten durch Metalle der vierten Nebengruppe. Ebenfalls durch Chelatbildung beträchtlich erhöht wird die Hydrolysegeschwindigkeit substituierter Äthylphosphate in Gegenwart von La(III)-Ionen [13].

Im Gegensatz zu den recht detaillierten Vorstellungen über den Mechanismus metallionenkatalysierter Reaktionen [9, 10, 14] ist die Kenntnis von quantitativen Relationen zwischen katalytischer Aktivität und Charakteristik des Metallions noch sehr unzureichend. So gilt für die durch Ionen der vierten Nebengruppe katalysierte Hydrolyse von Phosphorsäureestern, daß die Katalysatoraktivität mit wachsendem elektropositivem Charakter des Metalls zunimmt [15]. *Yoda, Kimoto* und *Toda* [16] stellten die Geschwindigkeit der metallionenkatalysierten Umesterung von Dimethylterephthalat mit Äthylenglykol der Elektronegativität der eingesetzten zweiwertigen Metallionen gegenüber. Danach sind diejenigen Metallionen die aktivsten Katalysatoren, deren Elektronegativitäten bei 1,5 liegen. Gleiche Aktivitätsabstufungen wie bei der Umesterung wurden für die zweiwertigen Ionen auch für die Umbaureaktion des Polyäthylenterephthalats mit Polyäthylenisophthalat bei 265 °C im geschlossenen System gefunden [17]. Bemerkenswert ist die beträchtlich höhere katalytische Aktivität von Co(III)- gegenüber Co(II)-Ionen.

Tabelle 3. Effektive Reaktionsgeschwindigkeitskonstanten der Polykondensation von Bis-(β-hydroxyäthyl)-terephthalat
Katalysatorkonzentration: $3 \cdot 10^{-4}$ mol/mol *Ester* *t*: 280 °C

Katalysator	k 10^{-3} g/mmol s
Ag(ac)	1,12
$Ca(ac)_2$	0,85
$Mn(ac)_2$	1,56
$Co(ac)_2$	1,54
$Al(ac)_3$	1,90
$Sb(ac)_3$	2,32
GeO_2	2,38

Die bei strenger Gültigkeit des Zeitgesetzes zweiter Ordnung für Metallionen unterschiedlicher Wertigkeit ermittelten effektiven Geschwindigkeitskonstanten zeigen, daß sowohl Komplexbildungstendenz als auch Ladung des Metallions seine katalytische Wirksamkeit bestimmen (Tabelle 3). Der Ionenradius (Tabelle 4), der neben der Ladung das Ausmaß der Estercarbonylpolarisierung mitbestimmen sollte, besitzt infolge der intermediären Chelatbildung keinen entscheidenden Einfluß.

Bei gleicher Kationenladung scheinen die Ionen aktiver, deren Komplexbildungstendenz stärker ausgeprägt ist. Die Zunahme der Katalysatoreffektivität mit wachsender Kationenladung bestätigt auch für die metallionenkatalysierte Polyäthylenterephthalatbildung den „Säureanalog-Mechanismus".

Der von einigen Autoren [11, 19, 20] bei Temperaturen unter 200 °C beobachtete inhibierende Effekt, den höhere Hydroxylgruppenkonzentrationen infolge Bildung relativ stabiler Komplexe mit hydroxylgruppenhaltigen Liganden auf die Aktivität von Sb(III)-Ionen ausüben, wird unter den angewandten Reaktionsbedingungen nicht mehr beobachtet.

Für Katalysatorkonzentrationen zwischen $1 \cdot 10^{-4}$ mol/mol $\leqq c \leqq 7 \cdot 10^{-4}$ mol/mol wurden für alle untersuch-

Tabelle 4. Ionenradien der zur Polykondensation eingesetzten Metallionen nach Ahrens [18]

Ion	r in Å
Ag^{+}	1,26
Ca^{++}	0,99
Mn^{++}	0,80
Co^{++}	0,72
Sb^{+++}	0,76
Al^{+++}	0,51
Ge^{++++}	0,53

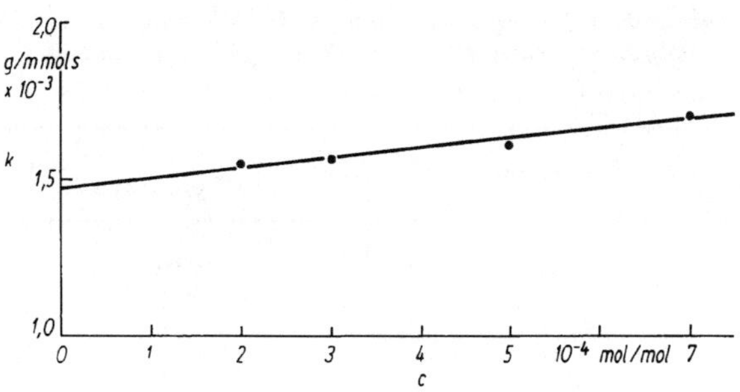

Bild 4. Abhängigkeit der RGK von der Katalysatorkonzentration
Katalysator: $Mn(ac)_2$

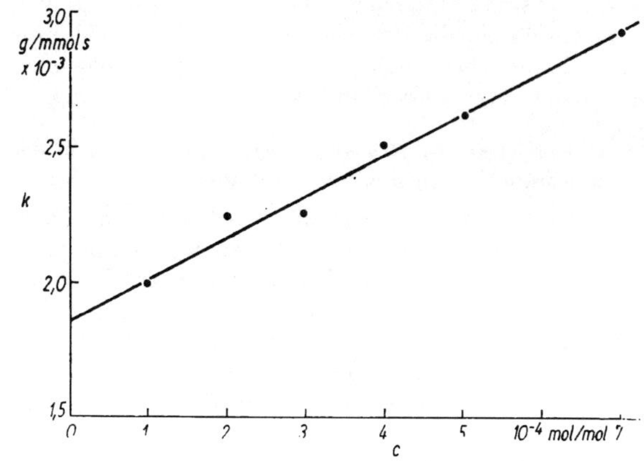

Bild 5. Abhängigkeit der RGK von der Katalysatorkonzentration
Katalysator: $Sb(ac)_3$

ten Katalysatoren lineare Funktionen zwischen Reaktionsgeschwindigkeitskonstante und Katalysatorkonzentration erhalten (Bilder 4 und 5).

In Abhängigkeit von der Wertigkeit des Metallions wurden signifikante Differenzierungen im Anstieg von $k = f(c_{Kat})$ festgestellt, wobei gleichwertige Ionen unabhängig vom Absolutwert von k annähernd gleichen Anstieg aufwiesen. Für die einzelnen untersuchten Katalysatoren erhielten wir die folgenden Geradengleichungen:

$$Mn(ac)_2 : k = 0{,}00147 + 0{,}32 \cdot c_{Kat},$$
$$Co(ac)_2 : k = 0{,}00137 + 0{,}61 \cdot c_{Kat},$$
$$Al(ac)_3 : k = 0{,}00151 + 1{,}31 \cdot c_{Kat}$$
$$Sb(ac)_3 : k = 0{,}00185 + 1{,}56 \cdot c_{Kat},$$
$$GeO_2 : k = 0{,}00158 + 3{,}26 \cdot c_{Kat}.$$

c_{Kat} ist in mol/mol einzusetzen; k erhält man in g/mmol s. Auch diese Ergebnisse zur Abhängigkeit der Reaktionsgeschwindigkeit von der Katalysatorkonzentration zeigen, daß die polarisierende Wirkung des Metallions infolge seines elektrischen Feldes entscheidend für seine katalytische Aktivität ist.

3.3. *Aktivierungsparameter der Polykondensation von Bis-(β-hydroxyäthyl)-terephthalat*

Im Temperaturbereich von $260\,°C \leqq t \leqq 300\,°C$ bestimmten wir die Temperaturabhängigkeit der mangan-, antimon-, aluminium- und germaniumkatalysierten Polykondensation von Bis-(β-hydroxyäthyl)-terephthalat (Tabelle 5). Der kinetischen Auswertung legten wir naturgemäß nur die linearen Anteile der $\overline{P}_n$-τ-Funktionen zugrunde. Bei $t > 300\,°C$ sind wegen der sehr intensiv einsetzenden thermischen Abbauvorgänge kinetische Untersuchungen zur Polymerbildungsreaktion nicht mehr sinnvoll (vgl. Bilder 2 und 3).

Die Aktivierungsenthalpie für die mit der Katalysator-Inhibitor-Kombination $3 \cdot 10^{-4}$ mol/mol $Mn(ac)_2$, $3 \cdot 10^{-4}$ mol/mol $Sb(ac)_3$, $6 \cdot 10^{-4}$ mol/mol Triphenylphosphat katalysierte Reaktion entspricht der bei reiner Antimonkatalyse. Eine Zusammenfassung literaturkundiger Werte für die Aktivierungsenergie der Polyäthylenterephthalatbildung wird in Tabelle 6 gegeben.

Wie die Aktivierungsenthalpien unterscheiden sich auch die Aktivierungsentropien für die einzelnen Katalysatoren nur geringfügig (Tabelle 7). Beides dürfte wohl auf die prinzipiell gleichartige Katalyse unabhängig vom Katalysatortyp zurückzuführen sein.

Tabelle 5. Aktivierungsenthalpien der Polyäthylenterephthalatbildung

Katalysator	$\Delta H^{\ddagger}$ in kcal/mol
$Mn(ac)_2$	14,2
$Sb(ac)_3$	13,4
$Al(ac)_3$	15,4
GeO_2	14,7

Tabelle 6. Literaturkundige E_A-Werte der Polyäthylenterephthalatbildung

Reaktionssystem	Katalysator	Temperaturbereich grd	E_A kcal/mol	Zitat
geschlossenes System	katalysatorfrei	195···262	23	[21]
geschlossenes System	Sb_2O_3	220···280	29	[20]
offenes System, dünne Schicht	Al_2O_3, PbO	244···296	11···14	[22]
offenes System, dünne Schicht	Sb_2O_3	265···285	14	[23]
offenes System, Schichtdicke 0,1 mm	Kat.-Inh.-Kombination	280···290	17	[24]
offenes System, gerührt	$Mn(ac)_2$	250···280	10	[6]
offenes System, Schichtdicke 0,02 mm	$Zn(ac)_2$	260···300	12···14	[25]

Tabelle 7. Aktivierungsentropien der Polyäthylenterephthalatbildung

Katalysator	$\Delta S^{\ddagger}$ in cal/grd mol
$Mn(ac)_2$	−46,6
$Sb(ac)_3$	−47,3
$Al(ac)_3$	−43,8
GeO_2	−44,8

Für bimolekulare Reaktionen wurde berechnet, daß Δs_{+}^{+}-Werte im Bereich -10 cal/grd mol $< \Delta s_{+}^{+} < -40$ cal/grd mol erreichen kann, wobei man erwarten kann, daß der Entropieabfall bei der Bildung des aktivierten Komplexes um so größer wird, je komplizierter die reagierenden Moleküle sind [26].

Frau *C. Bischoff* und Frau *I. Ruhnau* danken wir für die experimentelle Mitarbeit und Frau *M. Beduhn* für die viskosimetrischen Messungen.

Dem VEB Chemiefaserkombinat Schwarza „Wilhelm Pieck" sind wir für die verständnisvolle materielle Förderung dieser Arbeiten zu Dank verpflichtet.

Literatur

[1] *Zimmermann, H.:* Chemische Untersuchungen über fadenbildende Polyester. I. Über die thermische Stabilisierung von Polyäthylenterephthalat. Faserforsch. u. Textiltechnik **13** (1962) S. 481–490.
[2] *Frind, H.:* Die Bestimmung der Grundviskosität von Polyäthylenterephthalat-Lösungen. Faserforsch. u. Textiltechnik **5** (1954) S. 290–296.
[3] *Koepp, H.*, und *Werner, H.:* Endgruppenbestimmung und molekulare Verteilung bei Polyäthylenterephthalat. Makromol. Chemie **32** (1959) S. 79–89.
[4] *Herklotz, H., Ellguth, M.*, und *Neumann, L.:* Zur Reproduzierbarkeit der manganionenkatalysierten Polykondensation von Bis-(β-hydroxyäthyl)-terephthalat. Abschlußarbeit zur wissenschaftlich-praktischen Arbeit im Institut für Polymerenchemie, Teltow 1972.
[5] vgl. *Bonatz, E.:* Kinetik und Stofftransport bei der Schmelzepolykondensation von Polyäthylenterephthalat. Diss. Math.-Nat. Fak. des Wiss. Rates der Friedrich-Schiller-Universität Jena 1972.
[6] *Reinisch, G., Zimmermann, H.*, und *Rafler, G.:* Zur gravimetrisch-kinetischen Analyse der Polyäthylenterephthalatbildung im offenen System. Faserforsch. u. Textiltechnik **20** (1969) 5, S. 225–230.
[7] *Rafler, G., Reinisch, G.*, und *Bonatz, E.:* Zur Kinetik der Polyäthylenterephthalatbildung im offenen System. II. Einfluß thermisch bedingter Nebenreaktionen auf den Polykondensationsverlauf. Faserforsch. u. Textiltechnik **24** (1973) 7, im Druck.
[8] *Beyer, L., Kühn, G.*, und *Hoyer, E.:* Komplexbildung von Aminopolycarbonsäureestern mit Übergangsmetallionen. Z. anorg. allg. Chemie **339** (1965) S. 8–19.
[9] *Bender, M. L.:* Metallion catalysis of nucleophilic organic reactions in solution. Advances Chem. Ser. **37** (1963) S. 19–36.
[10] *Westheimer, F. N.:* Trans. N.Y. Acad. Sci. **18** (1955) S. 15.
[11] *Zimmermann, H.*, und *Schaaf, E.:* Modelluntersuchungen über die katalytische Wirksamkeit von Antimonverbindungen bei der Polyäthylenterephthalatbildung. Faserforsch. u. Textiltechnik **21** (1970) 6, S. 242–246. *Schaaf, E.:* Untersuchung metallionenkatalysierter Umesterungsreaktionen im Zusammenhang mit der Polyäthylenterephthalatbildung. Diss. Math.-Nat. Fak. des Wiss. Rates der Technischen Hochschule „Otto von Guericke", Magdeburg 1970.
[12] *Münstermann, H.:* Einwirkung von Metallionen auf Säureamide und -imide und die der Desaminierung zugrunde liegenden Reaktionsmechanismen. Diss. Ludwig-Maximilian-Universität, München 1961.
[13] *Butcher, W. W.*, und *Westheimer, F. H.:* J. amer. chem. Soc. **77** (1955) S. 2420–2424.
[14] *Hay, R. W.:* Some aspects of metal-ion catalysis. Rev. pure and appl. Chem. **13** (1963) S. 157–169.
[15] *Bamann, E., Trapmann, H.*, und *Oechsner, B.:* Zerlegung von Phosphorsäureestern mittels Metallionen im sauren pH-Bereich. Archiv Pharm. **295** (1962) 9, S. 663–670.
[16] *Yoda, K., Kimoto, K.*, und *Toda, T.:* The catalytic action of metallic compounds in the transesterification reaction of dimethyl terephthalate with ethylene glycol. Kogyo Kagaku Zasshi. (J. chem. Soc. Japan, Ind. chem. Sect.) **67** (1964) S. 909–914.
[17] *Yoda, K.:* Catalysis of trans-esterification reactions. Makromol. Chemie **136** (1970) S. 311–313.
[18] *Landolt-Börnstein.* 1. Bd.: Atom- und Molekularphysik 4. Kristalle.
[19] *Hovenkamp, S. G.:* Kinetic aspects of catalyzed reactions in the formation of Poly(ethylene terephthalates). J. Polymer Sci., A-1: Polymer Chem. **9** (1971) S. 3617 bis 3625.
[20] *Stevenson, R. W.*, und *Nettleton, H. R.:* Polycondensation rate of poly(ethylene terephthalate). I. Polycondensation catalyzed by antimony trioxide in presence of reverse reaction. J. Polymer Sci., A-1: Polymer Chem. **6** (1968) S. 889–900.
[21] *Challa, G.:* The formation of polyethylene terephthalate by ester interchange. II. The kinetics of reversible melt-polykondensation. Makromol. Chemie **38** (1960) S. 123–137.
[22] *Koršak, V. V., Zamjatina, V. A.*, und *Bekasova, N. I.:* Über Polyester mit Heteroketten. XXV. Untersuchung der Polykondensation in dünner Schicht. Vysokomol. Soed. (Hochmol. Verb.) **1** (1959) S. 1586–1592.
[23] *Stevenson, R. W.:* Polycondensation rate of poly(ethylene terephthalate). II. Antimony trioxide-catalyzed polycondensation in static thin films on metal surfaces. J. Polymer Sci., A-1: Polymer Chem. **7** (1969) S. 395–407.
[24] *Schumann, H.-D.:* Beiträge zur Schmelzepolykondensation von Polyäthylenterephthalat im offenen System. II. Zur Polykondensation in dickeren Schichten. Faserforsch. u. Textiltechnik **22** (1971) 9, S. 447–458.
[25] *Čefelin, P.*, und *Markes, R.:* Die Polykondensation des Bis-(2-hydroxyäthyl)-terephthalats in dünnen Schmelzeschichten. Faserforsch. u. Textiltechnik **23** (1972) 8, S. 329–334.
[26] *Brdička, R.:* Grundlagen der physikalischen Chemie. Berlin: Dt. Verlag der Wiss. 1958.

Eingegangen am 25. Januar 1973

Untersuchungen mit der Wechselstrompolarographie

IX. Adsorptionsverhalten von Polyvinylalkohol und wasserlöslichen Cellulosederivaten an der Quecksilbertropfelektrode [1])

Edith Horn und Harry Jehring

Akademie der Wissenschaften der DDR, Zentralinstitut für physikalische Chemie, Bereich physikalische Methoden der analytischen Chemie, in Berlin-Adlershof

DK 661.728.892.1:661.728.892.22:678.744.72:543.253:541.135.52:541.183

Es wird über das Elektrosorptionsverhalten von Polyvinylalkohol und wasserlöslichen Cellulosederivaten (Methylcellulose, Hydroxyäthylcellulose, Na-Carboxymethylcellulose) an der Phasengrenze Hg/Elektrolyt mit Hilfe der Wechselstrompolarographie (Tensammetrie) berichtet. Einflußgrößen waren die Konzentration, die Tropfzeit, das Elektrodenpotential und die rel. Molekülmasse. Zur Auswertung gelangten die Kapazitäts-Potential-, die Kapazitäts-Zeit-Kurven und die Inhibition von Durchtrittswellen. Es lassen sich, neben dem Einsatz in der Analytik, Aussagen über Adsorptionsvorgänge an Elektroden und über den Lösungszustand der Makromoleküle treffen.

Исследования методом полярографии переменного тока.

IX. Адсорбционные свойства поливинилового спирта и водорастворимых производных целлюлозы на ртутном капельном электроде

Приводятся данные об электросорбции поливинилового спирта и водорастворимых производных целлюлозы (метилцеллюлоза, оксиэтилцеллюлоза, Na-карбоксиметилцеллюлоза) на границе раздела фаз Hg/электролит с применением полярографии переменного тока. Изучалось влияние следующих факторов: концентрации, скорости падения капель, потенциала электродов и молекулярного веса. Для интерпретации результатов снимались кривые емкость-потенциал и емкость-время и регистрировалось ингибирование волн, визванных разрядом ионов. Полученные результаты позволяют получить информацию об адсорбционных явлениях на электодах и о состоянии макромолекул в растворе.

Investigations by AC Polarography

IX. Adsorption Behaviour of Polyvinylalcohol and Water-soluble Cellulose Derivatives on the Mercury Drop Electrode

The adsorption behaviour of polyvinylalcohol and water-soluble cellulose derivatives (methyl, hydroxyethyl, Na-carboxymethyl-cellulose) on the Hg/electrolyte interface has been investigated by ac polarography (Tensammetry). The effects of concentration, drop time, electrode potential and molecular weight were considered. The evaluation was based on capacity-potential and capacity-time curves as well as on the inhibition of cherge transfer waves. Besides analytical applications the results allow to draw conclusions to the adsorption processes at electrodes and to the state of dissolution of macromolecules.

1. *Einleitung*

Neben dem Einsatz in der Analytik [1, 2] führte die Tensammetrie ([1] Lit. 12 und 3) bereits zu einer Anzahl qualitativer und quantitativer Aussagen über das Adsorptionsverhalten grenzflächenaktiver Stoffe (s. [1, 3, 4]), einschließlich einiger wasserlöslicher Makromoleküle ([1] Lit. 72), an der Phasengrenze Hg/Elektrolyt. Gegenstand der vorliegenden Untersuchungen waren die unverzweigten fadenförmigen Makromoleküle Polyvinylalkohol und die Cellulosederivate Methylcellulose, Hydroxyäthylcellulose und Na-Carboxymethylcellulose.

2. *Experimentelles*

Die verwendeten Untersuchungssubstanzen sind in Tabelle 1 aufgeführt. Für die Messungen sind der Gleich-Wechselstrompolarograph GWP 563 (Arbeitsfrequenz 78 Hz) der Akademie der Wissenschaften der DDR ([1] Lit. 53) und ein Wechselstromzusatzgerät (Laboraufbau, Arbeitsfrequenz 133 Hz) zu einem Gleichstrom-Polarographen eingesetzt worden. Die Angabe der Kapazitätsausschläge erfolgt in µF, erhalten durch Eichung mit einer Präzisions-Kapazitätsdekade. Bei den Leitsalzlösungen verwendeten wir doppelt destilliertes Wasser und p.a. Leitsalze. Für die Messungen in propanolhaltigen Lösungen sowie zur Fraktionierung kam n-Propanol, destilliert (Kp. = 96 bis 97 °C) zur Anwendung. Die Messungen erfolgten in einer thermostatisierten polarographischen Zelle bei 25 °C ± 0,2 grd; entlüftet wurde mit Reinststickstoff. Als Bezugselektrode diente die gesättigte Kalomelelektrode oder in einigen Fällen Bodenquecksilber. Mit einer normalen Hg-Tropfelektrode ($m = 0{,}68$ mg s^{-1} bei $H = 27{,}5$ cm) und einer langsam tropfenden Elektrode nach *Smith* [7] ($m = 0{,}76$ mg s^{-1} bei $H = 25{,}0$ cm) war es möglich, Tropfzeiten von 2 bis 11 s bzw. bis zu 35 s zu erzielen.

Die eine PVA-Probe (45/02) wurde zusätzlich durch Fällung mit n-Propanol bei 25 °C fraktioniert. Nach dem Ausfällen jeder Fraktion wurde das System etwas erwärmt und dann durch langsames Abkühlen das Endgleichgewicht eingestellt [8]. Die gewonnenen neun Fraktionen trockneten wir bis zur Massekonstanz bei 75 °C. Für die Viskositätsmessungen benutzten wir ein *Ubbelohde*-Viskosimeter $k = 0{,}00500$. Die Berechnung der rel. Molekülmassen erfolgte nach der in [5] angegebenen Formel.

Einflußgrößen bei den tensammetrischen Untersuchungen waren die Konzentration, die Tropfzeit, das Elektrodenpotential und die rel. Molekülmasse. Zur Auswertung kamen

a) die Kapazitäts-Potential-Kurven, $\overline{C}$-E-Kurven,
b) die Kapazitäts-Zeit-Kurven, C_E-t-Kurven, sowie
c) die Inhibition von Durchtrittswellen.

Bei a) wurden die vom Schreiber registrierten Mittelwerte der Tropfenzacken bei normaler Dämpfung ausgewertet, bei b) die vom Schreiber des GWP 563 aufgezeichneten Kurven ohne Dämpfung (Einstellzeit des Schreibers ca. 1 s; Papiergeschwindigkeit 36000 bzw. 12000 mm h^{-1}) und bei c) sowohl die Mittel- als auch die Momentanwerte.

[1]) Teil VIII s. [4].

Tabelle 1. Verwendete Untersuchungssubstanzen

Substanz	Kurzbezeichnung	Firma	rel. Molekülmasse	Bemerkungen
Polyvinylalkohol	PVA	VEB Chem. Werke Buna		Die rel. Molekülmassen wurden viskosimetrisch ermittelt nach der Beziehung von *Houwink* [5]
niedrigviskos	45/02		43000	
mittelviskos	55/02		143000	
hochviskos	80/02		468000	
Methylcellulose	MH	Farbwerke Hoechst AG. Frankfurt/Main		Durchschnittssubstitutionsgrad etwa 1,5; mittlerer Methoxylgehalt etwa 25% [6].
(Methylhydroxyäthylcellulose)				
	20		40000	Die rel. Molekülmassen beruhen auf Angaben der Firma
	300		85000	
	2000		125000	
	4000		140000	
Hydroxyäthylcellulose	H···p	Farbwerke Hoechst AG. Frankfurt/Main		Die rel. Molekülmassen beruhen auf Angaben der Firma
	20		40000	
	4000		180000	
Na-Carboxymethylcellulose	C	Farbwerke Hoechst AG. Frankfurt/Main		Durchschnittssubstitutionsgrad etwa 0,65···0,75; mittlerer Gehalt an gebundenem Natrium etwa 7,5% [6].
	10		30000	
	300		115000	Die rel. Molekülmassen beruhen auf Angaben der Firma
	1000		140000	
	10000		220000	

3. Ergebnisse und Diskussion

1. *Polyvinylalkohol*

1.1. Kapazitätsänderung

Tensammetrische Aufnahmen von Polyvinylalkohol ([1] Lit. 116 u. 130), Angaben über den geringen Einfluß der rel. Molekülmasse unfraktionierter PVA-Proben auf das Desorptionspotential und die Höhe der tensammetrischen Maxima sowie über den Tropfzeiteinfluß auf die Kapazitätserniedrigung bei PVA sind bereits veröffentlicht ([1] Lit. 26). Messungen nach der Brückenmethode [9] zeigen, daß die beobachteten Einflüsse von Fraktionierung (mittels Schaumanalyse und Sedimentation), Ultrabeschallung, Alterung und Temperatur wahrscheinlich auf eine Änderung der effektiven Dielektrizitätskonstante des PVA in der Doppelschicht infolge eines unterschiedlichen Hydratationsgrades und einer Veränderung der Struktur der Teilchen zurückzuführen sind. Untersuchungen des Einflusses von Polyvinylalkohol verschiedener rel. Molekülmasse auf das polarographische Cu··-Maximum haben ergeben, daß die Erniedrigung umgekehrt proportional der rel. Molekülmasse ist [10]. Bei oszillopolarographischen und polarographischen Messungen (Dämpfung des Sauerstoff-Maximums) [11] an PVA-Fraktionen (fraktionierte Fällung mit Aceton) nimmt der Einfluß auf die gegebenen Größen mit der rel. Molekülmasse (M 50830 bis 193940) zu. An unfraktionierten Proben mit Hilfe der Tensammetrie konnten wir diesen Zusammenhang mit der rel. Molekülmasse nicht finden ([1] Lit. 26). Das Bild 1 zeigt nun den Einfluß der rel. Molekülmasse bei gleicher Massekonzentration auf die Höhe des tensammetrischen Maximums von einigen PVA-Fraktionen. Daraus ist zu erkennen, daß $\Delta\bar{h}$ bis zu einem $M = 220000$ zu- und bei höheren rel. Molekülmassen wieder abnimmt. Ein derartiges Verhalten haben wir auch früher bei den Polyäthylenglykolen (unfraktioniert) gefunden ([1] Lit. 26), und man kann sagen, daß die Abhängigkeit $\Delta\bar{h}$ von der rel. Molekülmasse als nicht spezifisch anzusehen ist. Die Werte der relativen Kapazitätserniedrigung $\Delta\bar{C}/\bar{C}_0$ nehmen bei gleicher Massekonzentration mit der rel. Molekülmasse ab (unfraktioniert und fraktioniert) (Bilder 2a, b, c), was wir auch bei den verschiedenen Polyvinylpyrrolidonen bereits deutlich festgestellt haben ([1] Lit. 72). Desgleichen sind die $\Delta\bar{C}_s/\bar{C}_0$-Werte (relative Sättigungserniedrigung) unabhängig von der rel. Molekülmasse (Tabelle 2).

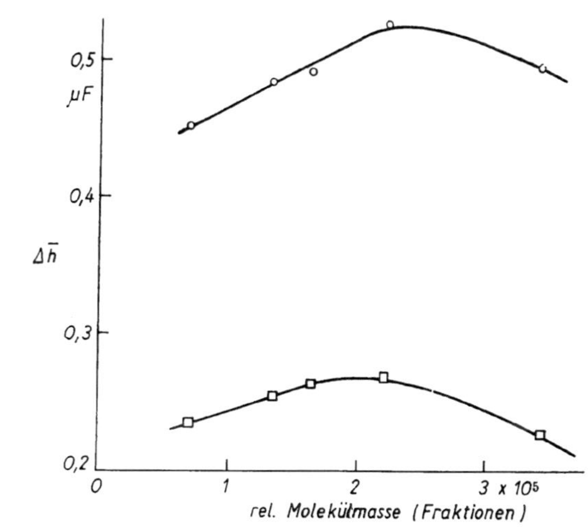

Bild 1. Abhängigkeit der Höhe des Desorptionsmaximums einiger PVA-Fraktionen von der rel. Molekülmasse
$\Delta\bar{h} = f$ (rel. Molekülmasse)$_{\text{Fraktionen}}$
○ $c = 100\ \text{mgl}^{-1}$ Polyvinylalkohol; □ $c = 25\ \text{mgl}^{-1}$ Polyvinylalkohol; LE = 1m KCl

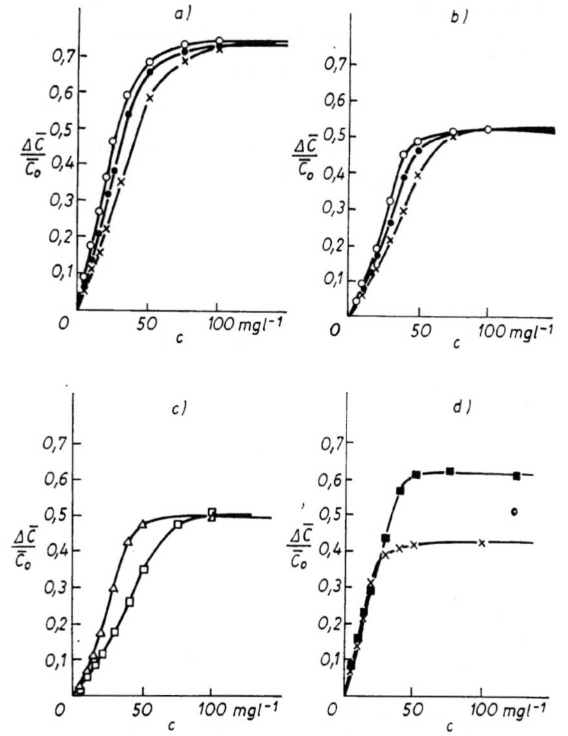

Bild 2. Relative Kapazitätserniedrigung als Funktion der Konzentration für Polyvinylalkohole verschiedener rel. Molekülmassen bei unterschiedlichen Bedingungen

$\Delta\bar{C}/\bar{C}_0 = f(c)$

a) ○ PVA 45/02; ● PVA 55/02; × PVA 80/02; LE = 1m KCl; $-E$ = 0,40 V (SCE); t_m = 12,0 s

b) s. a); $-E$ = 1,20 V (SCE); t_m = 10,4 s

c) △ PVA-Fraktion $\bar{M}$ = 69200; □ PVA-Fraktion $\bar{M}$ = 342800; LE = 1m KCl; $-E$ = 1,20 V (SCE); t_m = 10,4 s

d) ■ PVA 55/02 LE = 10% n-Propanol/1m KCl; $-E$ = 0,70 V (SCE); t_m = 11,4 s; × PVA 55/02; LE = 1m KCl; T = 80°C; $-E$ = 1,20 V (SCE); t_m = 9,5 s

Beim Vorliegen starker Adsorption mit Diffusionshemmung ([1] Lit. 69]) und bei Berücksichtigung des durch die Integration über die Tropfzeit bedingten Faktors von 0,77 für die Mittelwerte ([1] Lit. 18) lassen sich aus den K-Werten Abschätzungen betr. des Oberflächenbedarfes der adsorbierten Moleküle an der Grenzfläche Hg/Elektrolyt treffen ([1] Lit. 71):

$$K = \frac{(\Delta\bar{C}/\bar{C}_0)/0{,}77}{7{,}36 \times 10^{-4} \cdot c \cdot t_m^{1/2}} = (\Delta\bar{C}_s/\bar{C}_0) \cdot S \cdot D^{1/2}, \quad (1)$$

$$S = K/(\Delta\bar{C}_s/\bar{C}_0) \cdot D^{1/2} \quad \text{in} \quad \text{cm}^2\,\text{mol}^{-1}.$$

c = Konzentration in der Lösung in mol^{-1};
t_m = Tropfzeit (maximale Tropfengröße) in s;
D = Diffusionskoeffizient in $\text{cm}^2\,\text{s}^{-1}$, $M \cdot D^2$ = Konst. = 59×10^{-10} [12]; S = Oberflächenbedarf in $\text{cm}^2\text{mol}^{-1}$.

Im Kapazitätsminimum des Adsorptionsgebietes bei $-1{,}20$ V (SCE) ([1] Lit. 26 und 116) ist eine etwas dichtere Packung der Moleküle als im Bereich des

Tabelle 2. Abgeschätzter Oberflächenbedarf der adsorbierten PVA-Moleküle in 1 m KCl

Substanz	Potential V(SCE)	K	$\Delta\bar{C}_s/\bar{C}_0$	$\bar{C}_s$ µF/cm²	S Å²/Molekül
PVA 45/02	−0,40	$3{,}82 \times 10^8$	0,758	6,4	13700
55/02	,,	10,45 ,,	0,742	6,4	52000
80/02	,,	27,10 ,,	0,750	6,3	180000
45/02	−1,20	2,42 ,,	0,522	4,9	12700
55/02	,,	6,95 ,,	0,519	4,7	49300
80/02	,,	18,00 ,,	0,535	4,7	167000

elektrokapillaren Nullpunktes bei $-0{,}40$ V (SCE) anzunehmen. Der abgeschätzte Oberflächenbedarf der adsorbierten Moleküle (aus dem nahezu linearen Teil im Konzentrationsbereich der $\Delta\bar{C}/\bar{C}_0$-Kurven) nimmt mit dem Potential ab und mit der rel. Molekülmasse zu (Tabelle 2).

Für die technische Praxis bietet sich vielleicht die Möglichkeit an ([1] Lit. 35), innerhalb eines bestimmten Konzentrationsbereiches (ca. 10 bis 25 mgl⁻¹ bei PVA in 1 m KCl) aus einem $\Delta\bar{C}/\bar{C}_0$-Wert bei gegebener Tropfzeit und bei konstantem Potential sowie anderen konstanten Meßbedingungen (z. B. Temperatur, Leitelektrolyt u. a.) einen Wert zur Charakterisierung des hochmolekularen Systems zu ermitteln (Bild 3).

Aus den Kapazitäts-Zeit-Kurven (Bild 4a) ergeben sich bei der Auswertung Abweichungen gegenüber dem Kurvenverlauf der bisher untersuchten makromolekularen Substanzen ([1] Lit. 72 und 18). Die für diffusionsgehemmte Adsorption bis zur Adsorptionssättigung nach *Koryta* [14] gültige und für die Kapazitätserniedrigung in der Wechselstrompolarographie eingeführte Beziehung ([1] Lit. 71)

$$\Gamma_t = 7{,}36 \times 10^{-4} \cdot D^{1/2} \cdot c \cdot t^{1/2}; \quad (2)$$

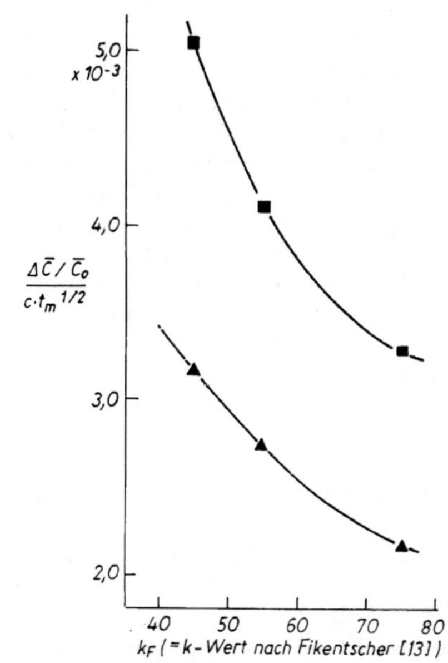

Bild 3. Tensammetrischer Wert als Möglichkeit zur Charakterisierung des hochmolekularen Systems $(\Delta\bar{C}/\bar{C}_0)/c \cdot t_m^{1/2} = f(k_F)$ für Polyvinylalkohole LE = 1m KCl; ■ $-E$ = 0,40 V (SCE); ▲ $-E$ = 1,20 V (SCE)

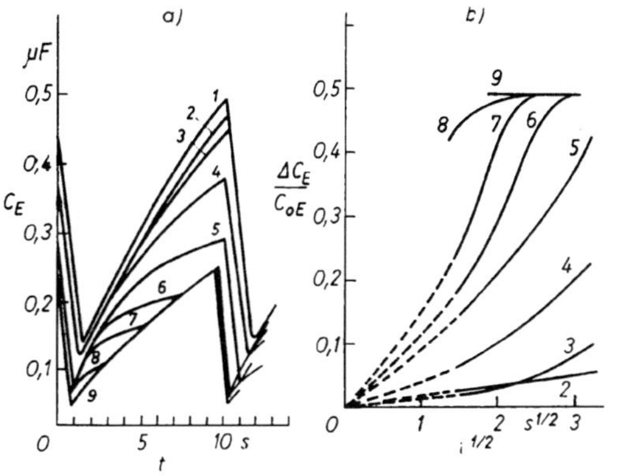

Bild 4. Kapazitäts-Zeit-Kurven von Polyvinylalkohol PVA 45/02; LE = 1m KCl; $-E = 1{,}20$ V (SCE); $U_\sim = 10$ mV, 78 Hz; normale Elektrode; Papiergeschwindigkeit = 36000 mm h^{-1}

1 c = 0; 2 c = 5; 3 c = 10; 4 c = 20; 5 c = 30; 6 c = 40; 7 c = 50; 8 c = 75; 9 c = 500 mgl^{-1}

a) $C_E = f(t)$
b) $\Delta C_E/C_{0E} = f(t^{1/2})$; übertragen aus a)

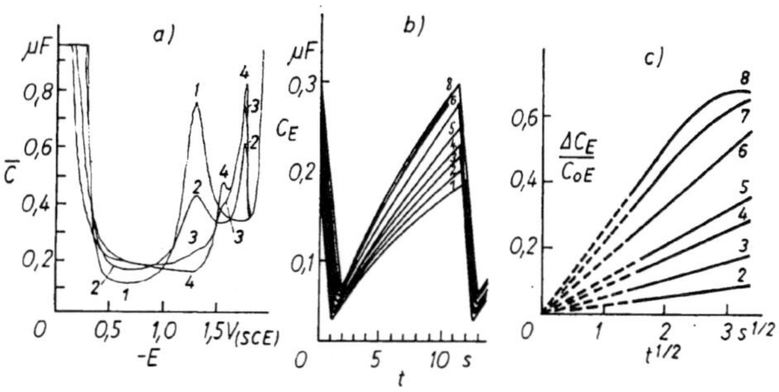

Bild 5. Lösungsmitteleinfluß
PVA 55/02 in 10% n-Propanol/1 m KCl

a) $\bar{C} = f(E)$
$U_\sim = 10$ mV, 78 Hz; normale Elektrode; $t_m = 3{,}4$ s
1 c = 0; 2 c = 50; 3 c = 100; 4 c = 250 mgl^{-1}

b) $C_E = f(t)$
$-E = 0{,}70$ V (SCE); $U_\sim = 10$ mV, 78 Hz; normale Elektrode; Papiergeschwindigkeit = 36000 mm h^{-1}
1 c = 0; 2 c = 5; 3 c = 10; 4 c = 15; 5 c = 20; 6 c = 30; 7 c = 40; 8 c = 50 mgl^{-1}

c) $\Delta C_E/C_{0E} = f(t^{1/2})$; übertragen aus b)

Γ_t = Oberflächenkonzentration in mol cm^{-2} zur Zeit t wird hier nicht erfüllt (Bild 4b). Bei unterschiedlichen rel. Molekülmassen (unfraktioniert und fraktioniert) mit Zunahme der Konzentration und der Tropfzeit weichen die Kurven von der linearen Beziehung $\Gamma_t = f(t^{1/2})$ bzw. $\Delta C_E/C_{0E} = f(t^{1/2})$ ab. Das läßt folgende Deutung zu: Die linearen fadenförmigen Makromoleküle liegen auch in verdünnter Lösung nicht gestreckt, sondern als Knäuel vor (Verknäuelung nimmt mit steigender rel. Molekülmasse zu). Ist nun das Makromolekül als Knäuel molekulardispers gelöst (wie z. B. Polyäthylenglykol [15] und Polyvinylpyrrolidon [16] in Wasser), also jedes Molekülknäuel durch Lösungsmittelmoleküle von dem anderen Knäuel getrennt, so folgt die relative Kapazitätserniedrigung der oben angeführten Zeitbeziehung ([1] Lit. 72 und 71 sowie 18). Haben wir es jedoch mit einem anderen Lösungszustand zu tun, d. h. überlappen sich ab einer bestimmten Konzentration die Wirkungsbereiche der einzelnen Knäuel (gegenseitige Verknäuelung, Bildung übermolekularer Aggregate, Mizellen oder Assoziationen) (s. a. [17]), so nimmt die relative Kapazitätserniedrigung mit wachsender Tropfzeit (was einer Erhöhung der Konzentration gleichkommt) nach einer anderen Zeitfunktion zu. Der Prozeß wird dann nicht mehr bestimmt durch den Antransport der Polymermoleküle durch Diffusion aus der Lösung, sondern ist abhängig von den übermolekularen Teilchen an der Grenzfläche.

Von wesentlichem Einfluß auf den Lösungszustand ist die Güte des Lösungsmittels, denn die Eigenschaften makromolekularer Lösungen werden bedingt durch die Wechselwirkung zwischen den Makromolekülen und dem Lösungsmittel, die von der Konstitution beider Komponenten abhängt. In schlechten Lösungsmitteln erfolgt eine zusätzliche Einknäuelung des Moleküls und besteht Neigung zur Assoziation [18]. Für PVA ist Wasser ein schlechtes Lösungsmittel; in Wasser/Alkohol-Mischungen liegt dagegen PVA molekulardispers gelöst vor [8]. Ausgehend von diesen Feststellungen, haben wir bei dem PVA 55/02 Messungen in 10% n-Propanol/1 m KCl durchgeführt. Das Bild 5a zeigt uns die $\bar{C}$-E-Kurven bei verschiedenen PVA-Konzentrationen. Es liegt in diesem Fall eine Mischadsorption vor (s. [1, 19]); der n-Propanol wird mit zunehmenden PVA-Konzentrationen mehr und mehr aus der Adsorptionsschicht verdrängt. Zu beachten ist, daß die Sättigungskapazität beim n-Propanol weitaus niedriger liegt als beim PVA und somit durch die Zugabe von PVA eine Kapazitätserhöhung eintritt, was bei den Auswertungen zu bedenken ist. Bei einem Potential von $-0{,}70$ V (SCE) wurden dann die C_E-t-Kurven (Bild 5b) aufgenommen und ausgewertet. Als C_{0E} diente hierbei die 10%ige n-Propanol/1 m KCl-Lösung, die keine Tropfzeitabhängigkeit (entsprechend 1 m KCl) zeigt und somit linear mit $t^{2/3}$ anwächst. Aus den Bildern 5c und 2d (Mittelwerte) ist im Gegensatz zu den Bildern 2a bis c und 4b (1 m KCl) zu erkennen, daß die $\Delta C_E/C_{0E}$-Werte linear mit $t^{1/2}$ (bzw. die $\Delta\bar{C}/\bar{C}_0$-Werte linear mit c) bis zur Adsorptionssättigung ansteigen. Der PVA wird also in derartigen Lösungsmitteln (10% n-Propanol/1 m KCl), wie schon von *Wolfram* [8] angeführt, molekulardispers gelöst vorliegen, und die oben angeführte Beziehung (2) hat hier wieder volle Gültigkeit.

Ein Vergleich der $\Delta\bar{C}/\bar{C}_0$-c-Kurven des PVA 55/02 bei 25 und 80 °C ($-1{,}20$ V) läßt erkennen, daß bei höherer Temperatur die $\Delta\bar{C}/\bar{C}_0$-Werte zunächst größer werden; die Sättigungserniedrigung liegt dagegen bei der höheren Temperatur niedriger (vgl. Bilder 2b und d). Da jedoch der Temperatureinfluß recht komplexer Natur ist, muß zunächst auf eine nähere Interpretation verzichtet werden.

1.2. *Inhibition*

In der Gleichspannungspolarographie wurden zahlreiche Untersuchungen in Gegenwart von PVA (Strom-Zeit-Kurven) von *Kuta* u. Mitarb. durchgeführt [20]. Über den Einfluß von PVA auf Maleinsäure-Wellen (Strom-Zeit-Kurven) berichtete *Afanasjev* [21]. Da es

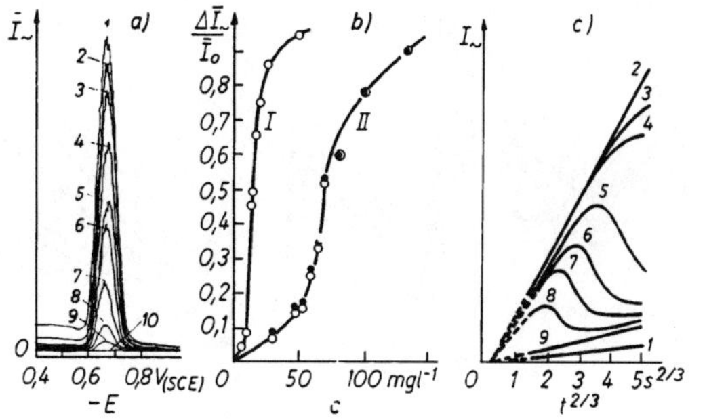

Bild 6. Inhibition

a) $I_\sim = f(E)$
PVA 45/02; LE $= 1 \times 10^{-3}$ m Cd''/1 m KCl;
$U_\sim = 8$ mV, 78 Hz; Empfindlichkeit $= 25$ μA; $t_m = 3{,}4$ s
$1c = 0$; $2c = 30$; $3c = 53{,}4$; $4c = 65$;
$5c = 70$; $6c = 80$; $7c = 100$; $8c = 133{,}3$;
$9c = 200$; $10c = 400$ mgl^{-1}

b) $\Delta I_\sim / I_0 = f(c)$
LE $= 1 \times 10^{-3}$ m Cd''/1 m KCl
I: Polyäthylenglykol 1000; $-E = 0{,}66$ V (SCE); $t_m = 12$ s
II: PVA 45/02; $-E = 0{,}66$ V (SCE); $t_m = 3{,}4$ s
● mit Berücksichtigung der Phasenverschiebung (Diagramm)

c) $I_\sim = f(t^{2/3})$
Polyäthylenglykol 1000; LE $= 1 \times 10^{-3}$ m Cd''/1 m KCl
$U_\sim = 8$ mV, 78 Hz; Empfindlichkeit $= 40$ μA; $-E = 0{,}66$ V (SCE);
normale Elektrode; Papiergeschwindigkeit $= 36000$ mm h^{-1}
$1c = 0$ (1 m KCl);
$2c = 0$ (1×10^{-3} m Cd''/1 m KCl);
$3c = 5$; $4c = 10$; $5c = 13{,}33$;
$6c = 16{,}67$; $7c = 20$; $8c = 25$; $9c = 50$ mgl^{-1}

die Wechselstrompolarographie gestattet, die Adsorption, den Ladungsdurchtritt und den Einfluß der Adsorption auf den Ladungsdurchtritt (Inhibition) gleichzeitig zu erfassen, haben wir auch die Inhibition zur Untersuchung der Makromoleküle mit herangezogen (Bild 6), dabei sowohl Mittelwerte (Bild 6a, b) als auch Momentanwerte (Bild 6c). Im Bild 6b wurden die Bedeckungsgrade θ (z. B. aus den Mittelwerten des Bildes 6a) gegen die Konzentration aufgetragen.

Analog der Bestimmung des θ aus der Kapazitätserniedrigung

$$C = C_0 (1 - \theta) + C_s \theta,$$

$$\theta = (C_0 - C) / (C_0 - C_s) = \Delta C / \Delta C_s$$

hat bei der Inhibition ([1] Lit. 26, 22) die Gleichung

$$\theta = \frac{\mathfrak{J}_0 - \mathfrak{J}}{\mathfrak{J}_0 - \mathfrak{J}_s}$$

bzw., wenn $\mathfrak{J}_s$ am völlig bedeckten Anteil gleich Null ist,

$$\theta = \frac{\Delta \mathfrak{J}}{\mathfrak{J}_0}$$

Gültigkeit.

$\mathfrak{J}_0$ = Stromstärke an der freien Oberfläche;
$\mathfrak{J}_s$ = Stromstärke an der völlig bedeckten Oberfläche;
$\mathfrak{J}$ = Stromstärke an der teilweise bedeckten Oberfläche.

Aus den Auftragungen ergibt sich, daß eine Konzentrationsbestimmung grundsätzlich möglich ist, was auch bereits an anderen Substanzen ([1] Lit. 26 und 70) und mit anderen Methoden ([1] Lit. 57 und 95) gezeigt werden konnte. Jedoch beobachteten wir auch bei den Makromolekülen ein „verspätetes" Einsetzen der Inhibition ([1] Lit. 26) bei niedrigen Konzentrationen (Bild 6b).

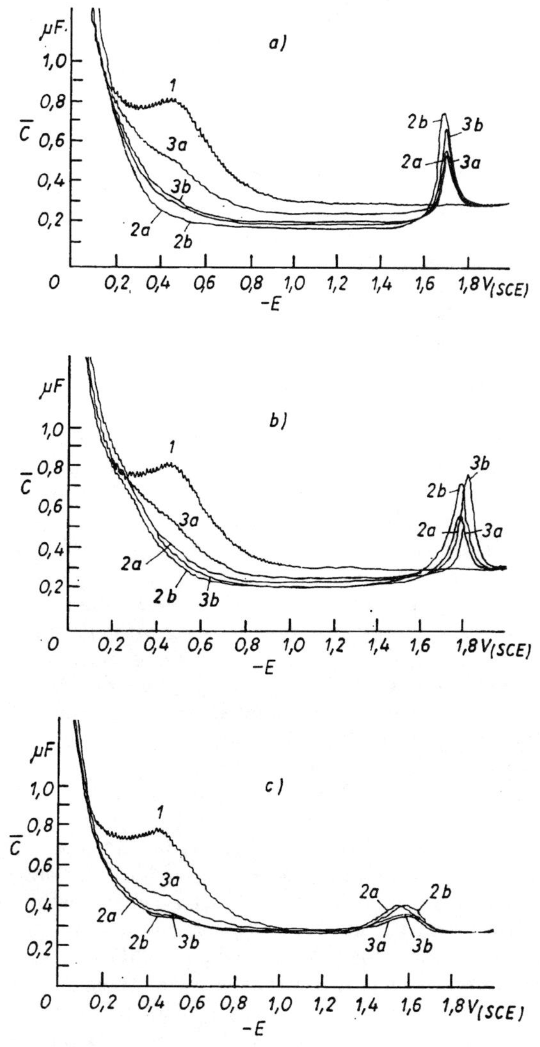

Bild 7. Kapazitäts-Potential-Kurven verschiedener Cellulosederivate ($\bar{C} = f(E)$)

a) Methylcellulosen
$U_\sim = 10$ mV; 133 Hz; $t_m = 3{,}4$ s
$1c = 0$ (1 m LiCl); 2a MH20 $c = 100$ mgl^{-1}; 2b MH20 $c = 200$ mgl^{-1}; 3a MH4000 $c = 100$ mgl^{-1}; 3b MH4000 $c = 200$ mgl^{-1}

b) Hydroxyäthylcellulosen
$U_\sim = 10$ mV, 133 Hz; $t_m = 3{,}4$ s
$1c = 0$ (1 m LiCl); 2a H20p $c = 100$ mgl^{-1}; 2b H20p $c = 200$ mgl^{-1}; 3a H4000p $c = 100$ mgl^{-1}; 3b H4000p $c = 200$ mgl^{-1}

c) Na-Carboxymethylcellulosen
$U_\sim = 10$ mV, 133 Hz; $t_m = 3{,}4$ s
$1c = 0$ (1 m LiCl); 2a C10 $c = 200$ mgl^{-1}; 2b C10 $c = 400$ mgl^{-1}; 3a C10000 $c = 200$ mgl^{-1}; 3b C10000 $c = 400$ mgl^{-1}

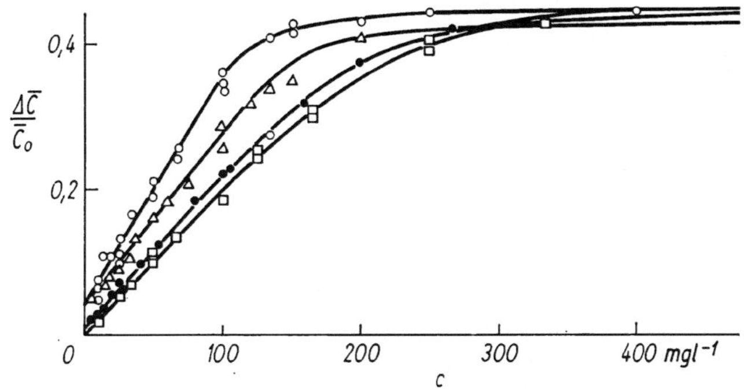

Bild 8. Abhängigkeit der relativen Kapazitätserniedrigung von der Konzentration für Methylcellulosen verschiedener rel. Molekülmasse

$\Delta\bar{C}/\bar{C}_0 = f(c)$

LE = 1 m LiCl; $-E = 1{,}10$ V (SCE); $t_m = 3{,}4$ s

○ Methylcellulose MH20, Δ MH300;
● MH2000; □ MH4000

2. Cellulosederivate: Methylcellulose, Hydroxyäthylcellulose und Na-Carboxymethylcellulose

Die Wechselstrompolarographie (Tensammetrie) ist bereits von *Breyer* ([1] Lit. 12 und 3) zur Untersuchung der Methylcellulose eingesetzt worden. Auch *Schwabe* und *Jehring* ([1] Lit. 116) benutzten Methylcellulose zur Untersuchung von Kapazitäts- und Inhibitionserscheinungen. Über den Einfluß der Tropfzeit auf die Adsorption ist gleichfalls von *Jehring* ([1] Lit 26) berichtet worden. Die Methylcellulosen (s. a. die Hydroxyäthylcellulosen Bild 7b) werden in einem breiten Potentialbereich adsorbiert (Bild 7a). Mit zunehmender rel. Molekülmasse treten auch bei den Cellulosederivaten (MH, H ... p und C) nur geringe Unterschiede bei den Desorptionspotentialen auf (Bild 7a, b, c), auch sind z. B. bei den Methylcellulosen die $\Delta\bar{C}_s/\bar{C}_0$-Werte (relative Sättigungserniedrigung) von der rel. Molekülmasse unabhängig (Bild 8). Vermutlich ist dieses Verhalten mit den Dimensionen der Moleküle zu erklären. Die Moleküle reichen über den Bereich der diffusen Doppelschicht hinaus. Die relative Kapazitätserniedrigung bei gleicher Massekonzentration und mit zunehmender rel. Molekülmasse nimmt ab (Bilder 7 und 8). Der Kurvenverlauf (Krümmung zur c-Achse) im Bild 8 deutet auch hier darauf hin, daß ein molekulardisperser Lösungszustand nicht vorliegen wird (Assoziationsvorgänge möglich, s. a. [17 und 18]).

Na-Carboxymethylcellulose ist ein anionaktiver Polyelektrolyt. Das Molekül setzt sich zusammen aus einem Anion von kolloider Größenordnung und aus einem abspaltbaren Na-Atom. Auf Grund seiner hohen elektronegativen Aufladung (zahlreiche Carboxylgruppen) wird das Kolloid-Anion auch bevorzugt auf der posi-

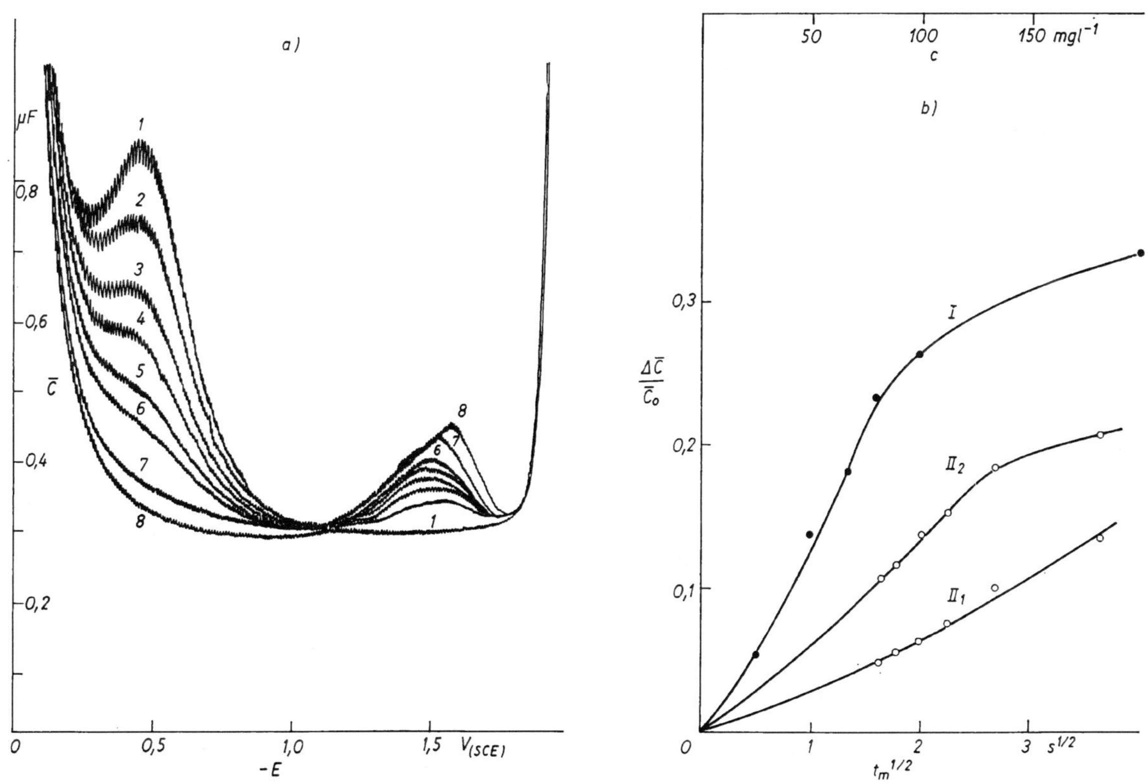

Bild 9. Kapazitäts-Potential-Kurven von Na-Carboxymethylcellulose C 10 und Abhängigkeit der relativen Kapazitätserniedrigung von Konzentration und Tropfzeit

a) $\bar{C} = f(E)$
$U_\sim = 12$ mV, 78 Hz; $t_m = 2{,}3$ s
$1\,c = 0$ (1 m KCl); $2\,c = 25$; $3\,c = 50$;
$4\,c = 66{,}7$; $5\,c = 80$; $6\,c = 100$; $7\,c = 200$;
$8\,c = 1\,000$ mgl^{-1}

b) $\Delta\bar{C}/\bar{C}_0 = f(c, t_m)$
I: $\Delta\bar{C}/\bar{C}_0 = f(c)$
$-E = 0{,}70$ V (SCE); $t_m = 2{,}3$ s
II: $\Delta\bar{C}/\bar{C}_0 = f(t_m)$; $-E = 0{,}75$ V (SCE)
II_1: $c = 25$ mgl^{-1} II_2: $c = 50$ mgl^{-1}

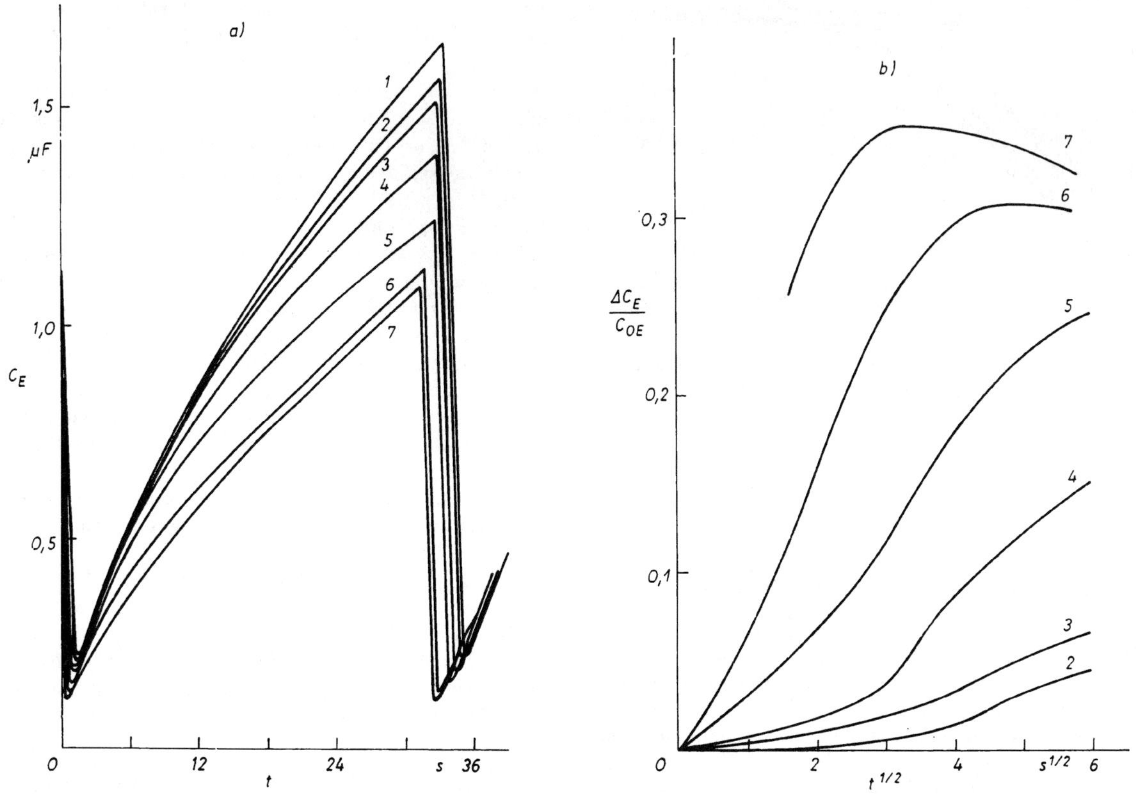

Bild 10. Kapazitäts-Zeit-Kurven von Na-Carboxymethyl-cellulose C 10

a) $C_E = f(t)$
$U_\sim = 10$ mV, 78 Hz; $-E = 0{,}74$ V (Boden-Hg);
langsam tropfende Elektrode;
Papiergeschwindigkeit = 12000 mm h^{-1}
$1c = 0$; (1 m KCl); $2c = 2$; $3c = 4$;
$4c = 8$; $5c = 16$; $6c = 32$; $7c = 64$ mgl^{-1}

b) $\Delta C_E/C_{0E} = f(t^{1/2})$; übertragen aus a)

tiven Seite in bezug auf den elektrokapillaren Nullpunkt adsorbiert (Bilder 7c und 9). Steigende oszillopolarographische Einschnitt-Tiefe und polarographische Maximadämpfung (Sauerstoff-Maximum) erhielten *Gergely* u. Mitarb. [11] an Na-Carboxymethylcellulose-Fraktionen mit zunehmenden rel. Molekülmassen. Bei Untersuchungen über den Einfluß von Polymeren auf die Diffusionsstromstärke organischer Depolarisatoren (Nitrobenzol in 1 m NaOH) wurde eine stärkere Abnahme der Stufenhöhe bei der Na-Carboxymethylcellulose (handelsüblich, unfraktioniert) mit dem niedrigeren Durchschnittspolymerisationsgrad (DP = 250) des Polymeren erreicht als bei einem DP = 500 [23].

Das Bild 7c zeigt die $\overline{C}$-E-Kurven von Na-Carboxymethylcellulose-Lösungen verschiedener rel. Molekülmasse (handelsüblich), und aus den Bildern 9 und 10 ist der Einfluß verschiedener Konzentrationen und Tropfzeiten der Na-Carboxymethylcellulose C 10 auf die Kapazität der elektrischen Doppelschicht an der Hg-Elektrode zu erkennen. Bei Polyelektrolyten treten schon bei niedrigen Konzentrationen und besonders in Gegenwart von Salzen (hier z. B. der Leitelektrolyt) sehr starke gegenseitige Wechselwirkungen auf [18]. Damit läßt sich auch vermutlich der Kurvenverlauf in den Bildern 9b und 10b deuten.

Über den Einfluß des Substitutionsgrades und der Substituentenverteilung bei Na-Carboxymethylcellulosen ist bereits berichtet worden [24].

4. *Schlußfolgerungen*

Wir können sagen, daß die Tensammetrie zur Aufklärung von Adsorptionsvorgängen makromolekularer Stoffe an Elektroden eingesetzt werden kann. In bezug auf den Lösungszustand des Makromoleküls lassen sich vermutlich Aussagen treffen und in analytischer Hinsicht bietet sich mit der Methode eine Möglichkeit zur Kennzeichnung technischer makromolekularer Produkte an.

Die Nachweisgrenze liegt für stark grenzflächenaktive Stoffe bei einigen mgl^{-1} mit Hilfe der einfachen Wechselstrompolarographie; Empfindlichkeitssteigerungen sind durch erweiterte Wechselstrommethoden ([1] Lit. 57 und 95) möglich. Bei der quantitativen tensammetrischen Bestimmung von Gemischen ist der Einfluß von Mischadsorption [19] zu beachten, und es sind gegebenenfalls vorangehende Trennvorgänge (z. B. durch chemische Methoden, Dünnschicht-Chromatographie u. a.) einzusetzen (s. [1, 2]). Kommt es auf die Bestimmung einer bekannten Einzelkomponenten oder auf die Summe aller grenzflächenaktiven Stoffe an, so bietet sich die Methode auch für die Prozeßkontrolle und Automation an.

Herrn Professor *H. Kriegsmann* danken wir für die Förderung der Arbeit.

Literatur

[1] *Jehring, H.*: Doppelschichtkapazitätsmessung mit der Breyer-Wechselstrompolarographie (Tensammetrie). J. electroanal. Chem. **21** (1969) S. 77–98.

[2] *Helmstedt, M.*, *Schröder, E.*, und *Hagen, E.*: Versuche zur Analytik von Antistatika in Plastformstoffen. Plaste u. Kautschuk **15** (1968) S. 405–406; *Helmstedt, M.*, *Hagen, E.*, und *Schröder, E.*: Beiträge zur analytischen Chemie der Plaste. LI. Die Tensammetrie in der Analytik oberflächenaktiver Plasthilfsstoffe — Überblick und kritische Stellungnahme. Plaste u. Kautschuk **16** (1969) S. 165–168.

[3] *Kraus, H.*, *Jehring, H.*, und *Horn, E.*: Die alternierenden Eigenschaften der aliphatischen Amine (V); Untersuchungen mit der Wechselstrompolarographie (VI.). Adsorptionsverhalten der Amine an der Phasengrenze Hg/Elektrolyt. Tenside, München **6** (1969) S. 68–74.

[4] *Jehring, H.*, und *Weiß, A.*: Untersuchungen mit der Wechselstrompolarographie (VIII.). Das Adsorptionsverhalten von Polyäthylenglykoläthern an der Phasengrenze Hg/Elektrolyt. Tenside, München **6** (1969) S. 251–257.

[5] *Houwink, R.*: Elastomers and Plastomers I. Amsterdam: Elsevier 1950, S. 446.

[6] Merkblätter „Tylose" der Farbwerke Hoechst AG., Frankfurt/M.

[7] *Smith, G. S.*: Polarography with slowly forming mercury drops. Nature, London **163** (1949) S. 290; *Neeb, R.*: Zur Erhöhung der Empfindlichkeit wechselstrompolarographischer Analysenverfahren. Z. analyt. Chemie **186** (1962) S. 53–63.

[8] *Wolfram, E.*, und *Nagy, M.*: Strukturaufklärung von wäßrigen Polyvinylalkohollösungen aus viskosimetrischen Messungen. Kolloid-Z. **227** (1968) S. 86–92.

[9] *Wójciak, W.*, und *Dutkiewicz, E.*: Einfluß von Polyvinylalkohol auf die differentielle Kapazität der elektrischen Doppelschicht an der Grenzfläche Hg/0,1 n KCl. Roczniki Chem. (Ann. Soc. chim. Polonorum) **38** (1964) S. 271–276.

[10] *Besugly, W. D.*, und *Ssalitschuk, Je. K.*: Anwendung der Polarographie für die Molgewichtsbestimmung von Polyvinylalkohol. Dokl. Akad. Nauk SSSR (Ber. Akad. Wiss. UdSSR) **158** (1964) S. 1390–1392.

[11] *Gergely, A.*, *Komiszar, V.*, *Rusznak, I.*, und *Kralik, I.*: Oszillopolarographische Untersuchungen einiger in der Textilchemie verwendeter makromolekularer Stoffe. Chem. Zvesti (Chem. Bl.) **18** (1964) S. 391–398.

[12] *Thovert, J.*: Sur une conséquence de la théorie cinétique de la diffusion. C. R. hebd. Séanc. Acad. Sci., Paris **135** (1910) S. 579–580.

[13] *Fikentscher, H.*: Systematik der Cellulose auf Grund ihrer Viskosität in Lösung. Cellulosechemie **13** (1932) S. 58–64. Viskositätstafel zur Bestimmung des K-Wertes. Stuttgart: Berliner Union.

[14] *Koryta, J.*: Über den Einfluß der Farbstoffe der Eosingruppe auf die reversible Oxydo-Reduktion an der tropfenden Quecksilberelektrode. Coll. czechoslov. chem. Commun. **18** (1953) S. 206–213.

[15] *Elias, H.-G.*, und *Lys, H.*: Virialkoeffizienten und Assoziation von Polyäthylenglykol. Makromol. Chemie **92** (1966) S. 1–24; *Elias, H.-G.*: Multimerisation: Assoziation und Aggregation. 4. Mitt. Einfluß der Assoziation auf die *Huggins*-Konstante *k* bei Lösungen von Polyäthylenglykolen. Makromol. Chemie **99** (1966) S. 291–296.

[16] *Scholtan, W.*: Molekulargewichtsbestimmung von Polyvinylpyrrolidon mittels der Ultrazentrifuge. Makromol. Chemie **7** (1951) S. 209–235; *Hengstenberg, J.*, und *Schuch, E.*: Molekulargewichtsbestimmung von Polyvinylpyrrolidonen mittels des osmotischen Drucks und der Lichtstreuung ihrer Lösungen. Makromol. Chemie **7** (1951) S. 236–258.

[17] *Meyer, K. H.*, und *Mark, H.*: Makromolekulare Chemie Leipzig: Akad. Verlagsges. Geest & Portig 1953.

[18] *Stuart, H. A.*: Das Makromolekül in Lösungen. Berlin: Springer 1953.

[19] *Jehring, H.*: Untersuchungen mit der Wechselstrompolarographie (VII.). Potential- und Zeitabhängigkeit der Doppelschichtkapazität bei Mischadsorption. Z. physik. Chemie, Leipzig **246** (1971) S. 1–24.

[20] *Kuta, J.*, und *Smoler, I.*: A study of i-t-curves of irreversible processes in the absence and presence of surface active substances. Advances in Polarography, Proc. II. Internat. Congress Polarography, Cambridge, 1959, Vol. I. London: Pergamon Press 1960, S. 350–358. *Kuta, J.*: The influence of adsorption on electrode processes and on some substitution chemical reaction studied by polarography. Rev. Polarography Japan, **11** (1963) S. 62–70. *Kuta, J.*: Adsorptionserscheinungen in der Polarographie. Abh. dt. Akad. Wiss. Berlin, Kl. Chemie, Geologie, Biologie (1964) S. 387–394. *Nürnberg, H. W.*, und *von Stackelberg, M.*: Arbeitsmethoden und Anwendungen der Gleichspannungspolarographie. 4. Mitt. Doppelschicht-, Adsorptions- und Inhibitionseffekte. J. electroanal. Chem. **4** (1962) S. 1–47.

[21] *Afanasjev, B. N.*: Einige Eigenschaften der kurzzeitigen Ströme in der Polarographie beim Vorliegen der Inhibierung der Elektrodenvorgänge durch oberflächenaktive Stoffe. Elektrochimija **4** (1968) S. 740–741. *Afanasjev, B. N.*: Einfluß von oberflächenaktiven Stoffen auf polarographische kinetische Ströme. Elektrochimija **5** (1969) S. 565–569.

[22] *Müller, W.*, und *Lorenz, W.*: Inhibition elektrochemischer Reaktionen an Amalgamelektroden und Adsorptionsisotherme des Inhibitors. Z. physik. Chemie, Frankfurt/M., N. F. **27** (1961) S. 23–33.

[23] *Bär, H. J.*, *Dautzenberg, H.*, und *Philipp, B.*: Einfluß von Polymeren auf die Diffusionsstromstärke organischer Depolarisatoren. Z. physik. Chemie, Leipzig **239** (1968) S. 84–103.

[24] *Alsleben, H.*, *Jehring, H.*, *Philipp, B.*, und *Dautzenberg, H.*: Wechselstrompolarographische Untersuchungen an Carboxymethylcellulosen. Faserforsch. u. Textiltechnik **22** (1971) S. 581–586.

Eingegangen am 18. Januar 1973

Zum Zusammenhang zwischen der Adsorption von Tensiden an Faserstoffen und ihrer Waschwirkung gegenüber Pigmentschmutz

Hans-Jörg Jacobasch und Ursula Schumann

Akademie der Wissenschaften der DDR, Institut für Technologie der Fasern in Dresden

DK 677.1/.5:661.18:661.613.13:541.183:677.017.855:677.019.543.6

Die Adsorption eines Nonylphenolpolyglykoläthers und von Natriumdodecylsulfat an textilen Faserstoffen und an Ruß wurde untersucht. Die erhaltenen Ergebnisse wurden zur Deutung des Waschvorgangs in Lösungen dieser Tenside verwendet.

О зависимости между адсорбцией поверхностно-активных веществ волокнами и их моющей способностью в отношении загрязнения пигментами

Изучена адсорбция нонилфенольного эфира полиэтиленгликоля и натрийдодецилсульфата текстильными волокнами и сажой. Полученные результаты применялись для выяснения процесса стирки в растворах перечисленных поверхностно-активных веществ.

Relationship between the Adsorption of Tensides on Fibres and their Detergency to Pigment Soil

The adsorption of a nonylphenolpolyglycol ether and of sodium dodecylsulfate on fibres and on carbon black has been investigated. An interpretation of the washing action in solutions of the tensides is based on the results.

1. Einleitung

Die Haftung von Schmutzpartikeln an textilen Faserstoffen wird in erster Linie durch *van der Waals*sche Wechselwirkungskräfte verursacht. Bei der Schmutzablösung während des Waschvorgangs tritt demzufolge unter der Einwirkung von Wasser, Tensiden sowie mechanischer und teils auch thermischer Energie eine Aufhebung der *van der Waals*schen Bindung Faserstoff/Schmutz auf. Nach Ansicht verschiedener Autoren [1, 2] wird die Schmutzablösung durch elektrostatische Abstoßkräfte, die aus dem negativen Zeta-Potential der Faserstoffe und der Schmutzpartikel resultieren, unterstützt. Da sowohl die *van der Waals*schen Kräfte zwischen dem Faserstoff und den Schmutzpartikeln als auch das Zeta-Potential beider Komponenten durch die Adsorption von Tensiden beeinflußt werden, liegt es nahe, die Ergebnisse von Tensidadsorptionsmessungen an Faserstoffen und Schmutzpartikeln zur Interpretation des Waschvorgangs heranzuziehen. Diesbezügliche Arbeiten wurden von *Schwuger* [3] durchgeführt, der den Zusammenhang zwischen der Adsorption von anionaktiven und nichtionogenen Tensiden an Wolle und synthetischen Faserstoffen sowie Schmutzpartikeln und der Waschwirkung dieser Tenside untersuchte und Proportionalität zwischen physikalischer Tensidadsorption und Schmutzauswaschbarkeit feststellte.

Aus den nachfolgend beschriebenen Untersuchungen werden Beziehungen zwischen der Adsorption von Na-Dodecylsulfat und eines Nonylphenolpolyglykoläthers einerseits und der Pigmentschmutzauswaschbarkeit sowie der Rückvergrauung andererseits für hydrophile und hydrophobe Faserstoffe abgeleitet.

2. Experimenteller Teil

2.1. Verwendete Substanzen

Als Tenside wurden ein im Laboratoriumsmaßstab hergestelltes Natriumdodecylsulfat, rel. Molekülmasse 288, sowie ein Nonylphenolpolyglykoläther mit neun ÄO-Gruppen und einer rel. Molekülmasse von 616 (Präwozell W-ON 100 des VEB Chemische Werke Buna) verwendet. Der Nonylphenolpolyglykoläther wurde keiner speziellen Reinigung unterzogen.

Die Untersuchungen wurden an Viskose-, Polyamid-, Polyacrylnitril- und Polyesterfasern vorgenommen; es wurden verwendet: Viskose-, DEDERON-, GRISUTEN- und WOLPRYLA-65-Faserstoffe vom VEB Chemiefaserkombinat „Wilhelm Pieck" Schwarza.

Die Faserstoffe wurden zunächst durch Extraktion mit Methylenchlorid gereinigt. Die WOLPRYLA- und GRISUTEN-Faserstoffe wurden nach der Extraktion mehrfach mit destilliertem Wasser gespült, Viskose- und DEDERON-Faserstoffe mehrfach in destilliertem Wasser ausgekocht.

Zur Bestimmung der Pigmentschmutzauswaschbarkeit wurde ein Testschmutz nach *Flath* [4], bestehend aus

45% Portlandzement,
45% Kaolin,
2% Gasruß, Orga S,
3% Eisenoxidpigment,
5% Paraffinöl

angewendet.

Der Testschmutz zur Bestimmung der Rückvergrauung bestand aus:

5% Gasruß, Orga S,
5% Lanolin,
45% Maschinenöl,
45% Trichloräthylen.

2.2. Arbeitsweise

Aufnahme der Adsorptionsisothermen:

Die Adsorptionsisothermen von Natriumdodecylsulfat und Nonylphenolpolyglykoläther wurden an den beschriebenen Faserstoffen sowie aus Ruß in Konzentrationsbereichen von 4×10^{-6} bis 1×10^{-4} mol/l bei 25 °C ± 0,2 grd aufgenommen.

Von den Adsorbentien wurden die in Tabelle 1 aufgeführten Mengen 30 min unter öfterem Umschütteln mit 100 ml der entsprechenden Tensidlösung behandelt. Nach dem

Tabelle 1. Untersuchte Adsorbentien

Tensid 100 ml	Adsorbens in g				
	Viskose	Polyester	Polyacrylnitril	Polyamid	Ruß
Na-Dodecylsulfat	4	4	4	1	0,1
Nonylphenolpolyglykoläther	1	1	1	1	0,1

Abtrennen des Feststoffs wurde die Rest-Tensidkonzentration mit Hilfe der Wechselstrompolarographie aus der Höhe der Desorptionswelle bestimmt (vgl. [5, 6]).

Bestimmung der Pigmentschmutzauswaschbarkeit

Die Prüfung der Pigmentschmutzauswaschbarkeit wurde an Nadelvliesen aus den beschriebenen Faserstoffen durchgeführt. Proben von 55 mm Durchmesser wurden 10 min mit der 6fachen Menge des Testschmutzgemisches, bezogen auf die Probenmasse, in der von *Flath* [4] beschriebenen Anschmutzungsapparatur behandelt. Nach dem Absaugen des lose anhaftenden Schmutzes wurden die Proben im Waschechtheitsprüfgerät „Linitest" der Fa. Quarzlampen GmbH Hanau/Main unter folgenden Bedingungen gewaschen:

Waschtemperatur:	60 °C,
Waschzeit:	30 min,
Flottenverhältnis:	1:50.

Die Waschversuche wurden bei Tensidkonzentrationen von 50 mg/l bis 2,5 g/l durchgeführt.

Die gewaschenen Proben wurden kurz unter fließendem Wasser gespült. Nach dem Trocknen wurde der Reflexionsgrad mit einem Leukometer des VEB Carl Zeiss Jena bestimmt.

Bestimmung der Rückvergrauung

Die Rückvergrauung wurde ebenfalls an Vliesprüflingen von 55 mm ∅ der entsprechenden Faserstoffe untersucht. 100 ml Waschflotte, die Tensidmengen zwischen 50 mg und 2,5 g/l enthielt, wurden 0,1 ml der unter 2.1 beschriebenen Testschmutzmischung zugesetzt. Bei einem Flottenverhältnis von 1:50 wurden die Proben bei 60 °C während 20 min im „Linitest" gewaschen, nach kurzem Spülen an der Luft getrocknet. Anschließend wurde der Reflexionsgrad bestimmt.

3. *Ergebnisse und Diskussion*

Zur Bestimmung des Sorptionsverhaltens der untersuchten Faserstoffe sowie des zur Anschmutzung verwendeten Rußes wurden die Adsorptionsisothermen der unter 2 beschriebenen Tenside in Konzentrationsbereichen, die eine Monoschichtbildung erwarten lassen, aufgenommen (Bilder 1 bis 5). Aus den Adsorptionsisothermen geht hervor, daß mit Ausnahme der Polyamidfaserstoffe bei gleichen Ausgangskonzentrationen der Nonylphenolpolyglykoläther deutlich stärker als Natriumdodecylsulfat adsorbiert wird. Bei Polyacrylnitril-, Polyester- und Viskosefaserstoffen liegt die adsorbierte Menge Natriumdodecylsulfat innerhalb der Fehlergrenzen der angewendeten Bestimmungsmethode. Eine statistische Auswertung der Meßwerte zeigt, daß die adsorbierte Menge Natriumdodecylsulfat an diesen Faserstoffen über den ganzen Meßbereich zwischen 0 bis $3 \cdot 10^{-7}$ mol/g beträgt. Die starke Sorption von Natriumdodecylsulfat durch die Polyamidfaserstoffe beruht auf der Ausbildung ionischer Bindungen zwischen den Tensidanionen und den im Polycaprolactam bzw. seinen Oligomeren vorhandenen basischen Gruppen. Vergleicht man die Ergebnisse der Adsorptionsuntersuchungen mit den Resultaten der Versuche zur Bestimmung der Trockenschmutzauswaschbarkeit, so lassen sich folgende Aussagen machen:

An den verwendeten, gut gereinigten Viskosefaserstoffen nimmt mit steigender Konzentration an waschaktiver Substanz die Schmutzauswaschbarkeit ab (Bild 6). Der Nonylphenolpolyglykoläther, der stärker als Natriumdodecylsulfat adsorbiert wird, erniedrigt die Pigmentschmutzauswaschbarkeit stärker als Na-

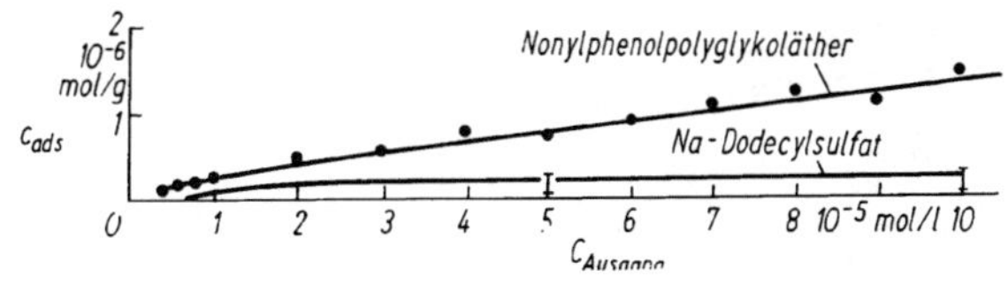

Bild 1. Adsorptionsisothermen von Natriumdodecylsulfat und Nonylphenolpolyglykoläther an Viskosefaserstoffen

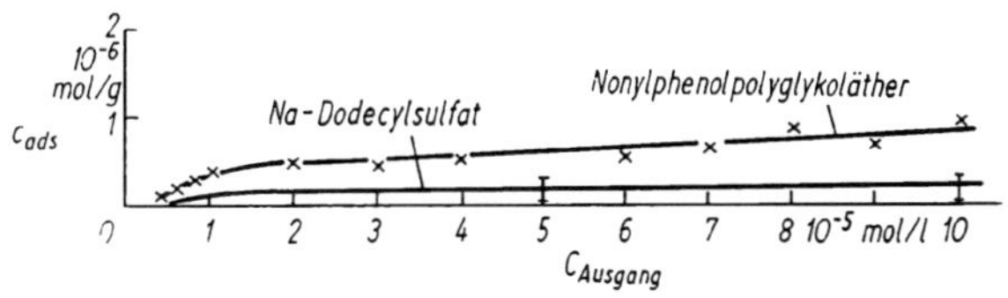

Bild 2. Adsorptionsisothermen von Natriumdodecylsulfat und Nonylphenolpolyglykoläther an Polyesterfaserstoffen

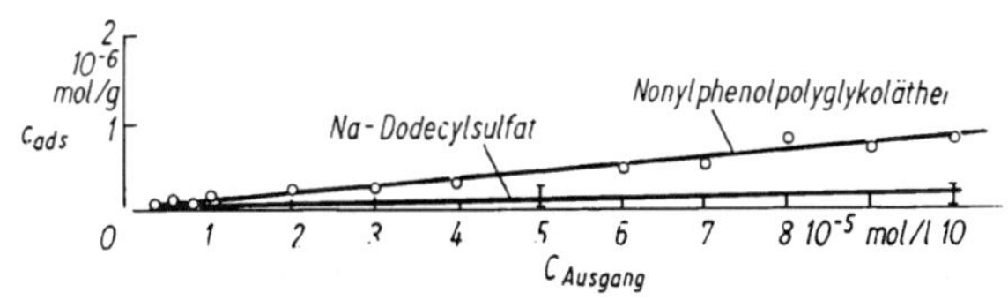

Bild 3. Adsorptionsisothermen von Natriumdodecylsulfat und Nonylphenolpolyglykoläther an Polyacrylnitrilfaserstoffen

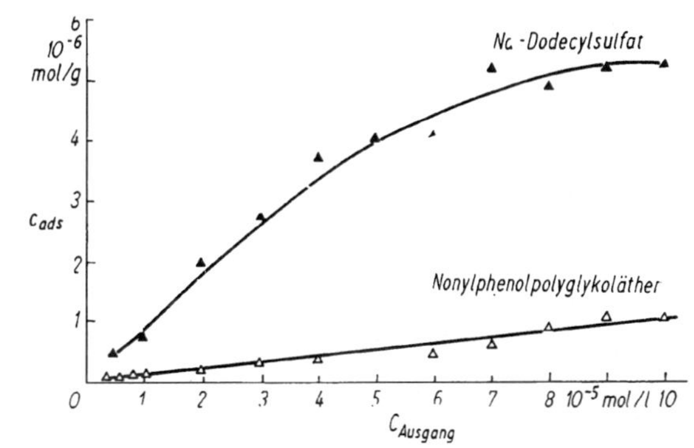

Bild 4. Adsorptionsisothermen von Natriumdodecylsulfat und Nonylphenolpolyglykoläther an Polyamidfaserstoffen

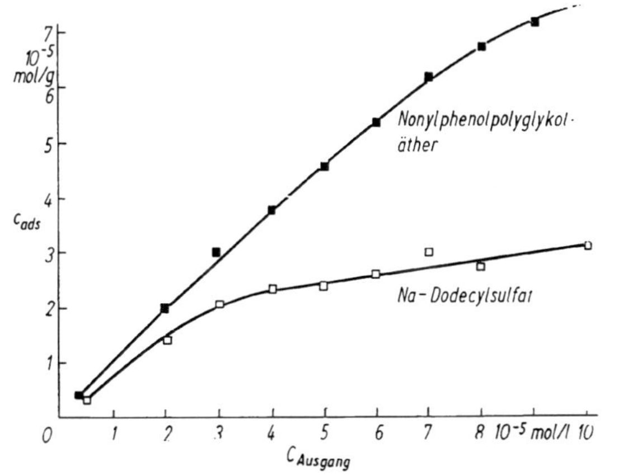

Bild 5. Adsorptionsisothermen von Natriumdodecylsulfat und Nonylphenolpolyglykoläther an Gasruß

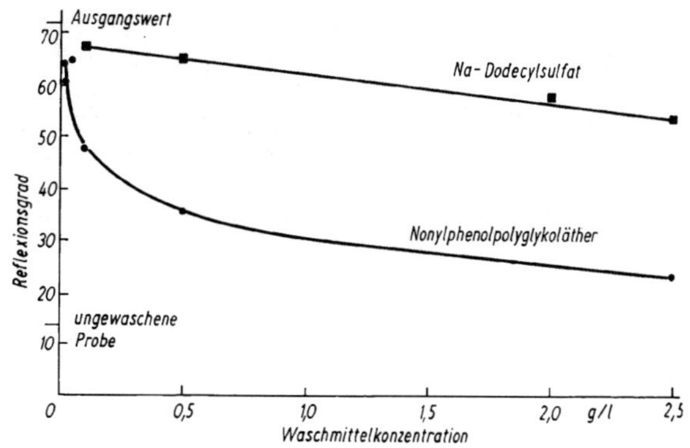

Bild 6. Auswaschbarkeit von Pigmentschmutz an Viskosefaserstoffen in Lösungen von Dodecylsulfat und Nonylphenolpolyglykoläther

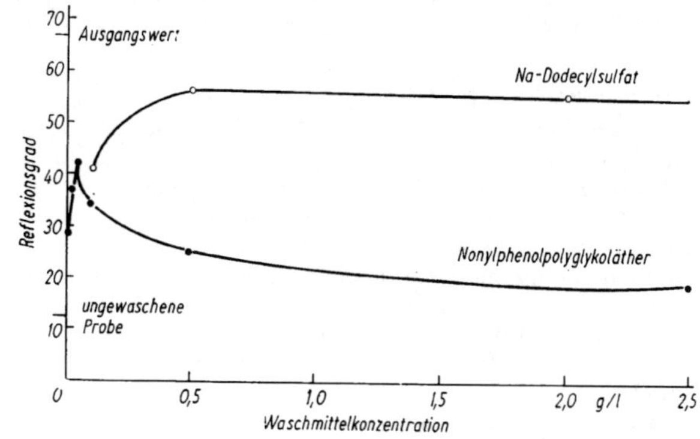

Bild 8. Auswaschbarkeit von Pigmentschmutz an Polyacrylnitrilfaserstoffen in Lösungen von Dodecylsulfat und Nonylphenolpolyglykoläther

triumdodecylsulfat. Die Begründung für die gefundene Erscheinung liegt darin, daß durch die Adsorption der Tensidmoleküle eine Hydrophobierung der Viskosefaserstoffe eintritt, die eine Entfernung der Schmutzpartikel von der Faseroberfläche erschwert. Die Hydrophobierung ist um so stärker, je besser die Tensidmoleküle adsorbiert werden. Es läßt sich weiterhin ableiten, daß die Bindung des Schmutzes an die Oberfläche der Viskosefaserstoffe durch die Bindung des Wassers an die Faseroberfläche, die über Wasserstoffbrückenbindungen verläuft, verdrängt wird. Die durch die Hydratisierung der OH-Gruppen der Cellulose gelockerten Schmutzpartikel werden durch die thermische und mechanische Energie beim Waschprozeß sowie durch die Dispergierung mit Hilfe der Tenside von der Faseroberfläche entfernt.

Einen grundsätzlich anderen Verlauf zeigt die Konzentrationsabhängigkeit der Trockenschmutzauswaschbarkeit bei den hydrophoben Faserstoffen (Bilder 7 bis 9). Bei Polyesterfaserstoffen ergibt der stärker adsorbierbare Nonylphenolpolyglykoläther bei geringen Konzentrationen einen wesentlich besseren Wascheffekt als Natriumdodecylsulfat. Hieraus läßt sich ableiten, daß die Bindung der Schmutzpartikel an die Faseroberfläche durch die Adsorption der Tensidmoleküle gelöst wird; die Verdrängung der Schmutzpartikel ist dabei um so stärker, je höher die adsorbierte Tensidmenge ist.

An den untersuchten Polyacrylnitrilfaserstoffen werden bereits durch geringe Mengen sowohl anionaktiven als auch nichtionogenen Tensids günstige Wascheffekte erzielt. Während der Wascheffekt mit anionaktivem Tensid bei einer Konzentration von 0,5 g/l ein Optimum erreicht, tritt bei einer Konzentration von 0,05 g/l Nonylphenolpolyglykoläther, die ungefähr der kritischen Micellbildungskonzentration entspricht [6], ein Maximum der Waschwirkung auf. Eine exakte Deutung des Waschvorgangs an Polyacrylnitrilfaserstoffen läßt sich aus den durchgeführten Adsorptionsuntersuchungen nicht geben, man kann jedoch vermuten, daß sowohl Wasser- als auch Tensidmoleküle die Schmutzverdrängung bewirken. Adsorption von Einzelmolekülen nichtionogenen Tensids begünstigt die Schmutzentfernbarkeit, durch die Adsorption von Micellen wird sie dagegen vermindert. Eine ähnliche Erklärung läßt sich auch für die Trockenschmutzauswaschbarkeit von Polyamidfaserstoffen geben: Durch geringe Mengen nichtionogenen Tensids wird die Schmutzauswaschbarkeit begünstigt, eine größere Menge des stark adsorbierten Nonylphenolpolyglykoläthers führt dann zu einer verminderten Schmutzentfernung, weil auch hier das optimale Verhältnis Tensidmoleküle zu Wassermolekülen an der Faseroberfläche überschritten wird. Weiterhin kann angenommen werden, daß an Polyamid- und Polyacrylnitrilfaserstoffen die Orientierung der Tensidmoleküle

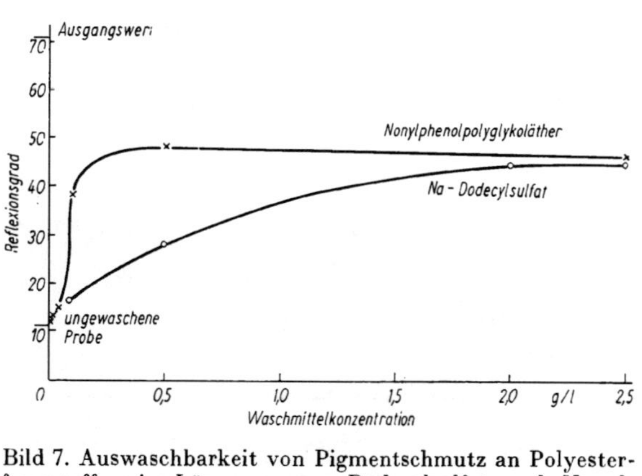

Bild 7. Auswaschbarkeit von Pigmentschmutz an Polyesterfaserstoffen in Lösungen von Dodecylsulfat und Nonylphenolpolyglykoläther

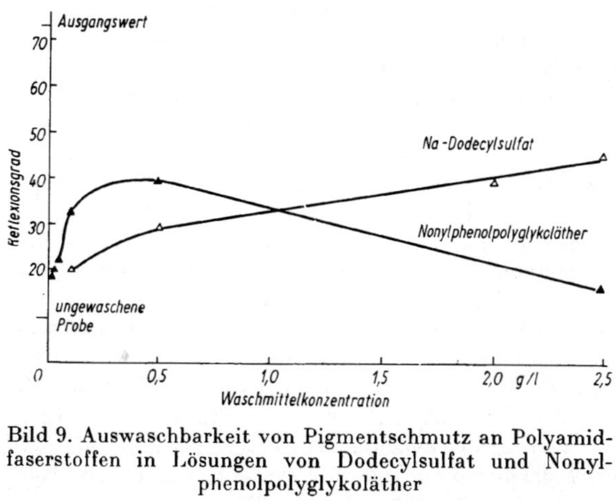

Bild 9. Auswaschbarkeit von Pigmentschmutz an Polyamidfaserstoffen in Lösungen von Dodecylsulfat und Nonylphenolpolyglykoläther

bzw. -micellen an der Faserstoffoberfläche die Schmutzentfernung beeinflußt.

Die Adsorptionsisotherme des Natriumdodecylsulfats an Polyamidfasern läßt sich nicht zur Interpretation des Waschverhaltens verwenden, da hier sowohl die durch ionische als durch *van der Waals*sche Kräfte gebundenen Tensidmoleküle erfaßt werden und lediglich der *van der Waals*sche Anteil für die Schmutzhaftung bzw. -entfernung von Bedeutung ist.

3.1. Thermodynamische Betrachtung zur Schmutzablösung

Da die Thermodynamik chemischer Reaktionen keine Forderungen hinsichtlich der Bindungsart enthält, ist es auch zulässig, die Thermodynamik für „Reaktionen", die lediglich durch *van der Waals*sche Kräfte ausgelöst werden, anzuwenden.

Unterziehen wir den Waschprozeß einer thermodynamischen Betrachtung, so ergibt sich, daß eine Schmutzablösung nur dann eintritt, wenn hiermit eine Abnahme der freien Enthalpie verbunden ist, d. h. die Adsorption von Tensidmolekülen bzw. Wasser an die Faserstoffoberfläche muß mit einem stärker negativen Wert der Änderung der freien Enthalpie als der Anschmutzungsvorgang verbunden sein. Bei Kenntnis der jeweiligen Änderungen der freien Enthalpie ist es dann möglich, den Waschvorgang auch quantitativ zu erfassen.

Polyesterfaserstoffe

Die Berechnung der freien Adsorptionsenthalpie für Tenside an Phasengrenzen läßt sich dann durchführen, wenn die Adsorptionsisotherme im Bereich der ungefähren Monoschichtbildung vorliegt sowie der Typ der Isotherme bekannt ist [9]. Durch Auftragen des Kehrwertes der adsorbierten Tensidmenge ($1/C_{ads}$) gegen den Kehrwert der Gleichgewichtskonzentration ($1/C_{gl}$) konnte festgestellt werden, daß die Adsorptionsisotherme des Nonylphenolpolyglykoläthers an den verwendeten Polyesterfaserstoffen dem *Langmuir*-Typ entspricht. Diese Isothermen lassen sich durch die folgende Gleichung beschreiben:

$$\frac{\theta}{1-\theta} = \frac{C}{55{,}5} \cdot e^{-\Delta G^0/RT}; \qquad (1)$$

θ = Bedeckungsgrad,
C = Tensidkonzentration,
ΔG^0 = thermodynamisches Standardpotential der Adsorption,
R = Gaskonstante,
T = abs. Temperatur.

Gemäß dieser Gleichung kann aus der Adsorptionsisotherme von Nonylphenolpolyglykoläther an Polyesterfaserstoffen ein thermodynamisches Standardpotential von

$$\Delta G^0 = -9{,}0 \text{ kcal}$$

berechnet werden[1]).

[1]) Beim Auftragen von $1/C_{ads}$ gegen $1/C_{gl}$ erhält man annähernd eine Gerade. Der Ordinatenabschnitt bei Extrapolation auf $1/C_{gl} \to 0$ ist $1/C_\infty$. (C_∞ = ads. Menge bei aufgefüllter Monoschicht.) Der Anstieg der Geraden ist $\frac{55{,}5\, e^{\frac{\Delta G^0}{RT}}}{C_\infty}$.

Eine zahlenmäßige Bestimmung des thermodynamischen Standardpotentials für die Adsorption von Natriumdodecylsulfat an Polyesterfaserstoffen ist aus den durchgeführten Adsorptionsuntersuchungen nicht möglich, da die adsorbierte Tensidmenge innerhalb der Meßungenauigkeiten der Bestimmungsmethode liegt. Eine Abschätzung ergibt jedoch, daß das thermodynamische Standardpotential deutlich niedriger als das für die Adsorption von Nonylphenolpolyglykoläther an Polyester ist.

Aus der durchgeführten Betrachtung wird die bessere Waschwirkung von Nonylphenolpolyglykoläther an Polyesterfaserstoffen gegenüber Natriumdodecylsulfat deutlich. Für die Konzentrationsabhängigkeit der Waschwirkung gilt wegen

$$\Delta \bar{G} = \Delta \bar{G}^0 + RT \ln a_T, \qquad (2)$$

$\Delta \bar{G}, \Delta \bar{G}^0$ = partielle molare Enthalpien, chemische Potentiale,
a_T = Tensidaktivität ($\approx$ -Konzentration) an der Phasengrenze,

daß das Tensid mit dem höheren thermodynamischen Adsorptionspotential bei gleicher Konzentration den besseren Wascheffekt zeigt als das Tensid mit kleinerem thermodynamischem Adsorptionspotential. Dieser Zusammenhang wird auch in Bild 7 deutlich.

Für die freie Adsorptionsenthalpie von Wasser an Polyesterfaserstoffen sind keine Werte bekannt. Da diese jedoch der Wasseraufnahme ungefähr proportional ist, kann man für Polyester sehr geringe Änderungen der freien Enthalpie bei der Adsorption von Wasser erwarten. Dies steht im Einklang mit der Tatsache, daß durch reines Wasser an Polyesterfaserstoffen praktisch kein Wascheffekt erreicht wird.

Viskosefaserstoffe

Aus Bild 6 geht hervor, daß der beste Wascheffekt an Cellulosefaserstoffen mit reinem Wasser erhalten wird. Gemäß den oben angestellten Betrachtungen muß die freie Adsorptionsenthalpie des Wassers an der Viskosefaseroberfläche größer als die freie Adsorptionsenthalpie von Tensiden aus ihren Lösungen sein. Die freie Adsorptionsenthalpie von Wasser an Cellulosefaserstoffen ist im Bereich monomolekularer Bedeckung nicht bekannt, es kann jedoch auf relativ hohe Werte geschlossen werden. Dagegen wird aus der Adsorptionsisotherme des Nonylphenolpoly glykoläthers an Viskosefaserstoffen ein Wert von

$$\Delta G^0 = -8{,}5 \text{ kcal}$$

erhalten. Dieser Wert ist nur eine Näherung, da, bedingt durch die Mischadsorption von Tensid- und Wassermolekülen, Abweichungen von der *Langmuir*schen Adsorptionsisotherme auftreten. Gleiches gilt auch für die Adsorption des Natriumdodecylsulfats an Viskose. Da hier wie bereits an Polyesterfaserstoffen die Adsorptionsisotherme deutlich flacher als die des Nonylphenolpolyglykoläthers verläuft, kann ein kleinerer Wert für ΔG^0 angenommen werden.

Trotz der Unsicherheiten bei der Bestimmung der thermodynamischen Standardpotentiale für die Adsorption von Wasser und den verwendeten Tensiden an

Viskosefaserstoffen kann geschlossen werden, daß die freie Adsorptionsenthalpie von Wasser an Viskose deutlich höher als die der Tenside ist und daß, in Einklang mit Bild 6, die Pigmentschmutzablösung durch eine bevorzugte Wasseradsorption verursacht wird.

Für die Abhängigkeit der Schmutzablösung von der Tensidkonzentration gilt für Viskosefaserstoffe

$$\Delta\bar{G} = \Delta\bar{G}^0 + RT \ln a_{H_2O}; \qquad (3)$$

a_{H_2O} = Aktivität des Wassers an der Phasengrenze.

Danach ist die Änderung der freien Enthalpie beim Adsorptionsvorgang und damit die Waschwirkung um so größer, je höher die Aktivität des Wassers an der Grenzfläche Viskosefaser/wäßrige Lösung ist. Diese wiederum ist der Adsorbierbarkeit des Tensids an der Grenzfläche umgekehrt proportional.

Polyamid- und Polyacrylnitrilfaserstoffe

Während sich an Polyester- und Viskosefaserstoffen die Verdrängung von Schmutzpartikeln durch Tensid- bzw. Wassermoleküle bei Verwendung vieler vereinfachender Annahmen bzw. Näherungen mit Hilfe der Thermodynamik beschreiben läßt, ist eine befriedigende quantitative thermodynamische Beschreibung für Polyamid- und Polyacrylnitrilfaserstoffen noch nicht möglich. Die Ursachen hierfür liegen vermutlich in der stark polaren Natur der Faserstoffoberfläche und der dadurch verursachten Mischadsorption von Wasser und Tensiden. Ansatzpunkte für eine qualitative Betrachtung seien kurz angeführt:

Oberhalb der kritischen Micellbildungskonzentration des Nonylphenolpolyglykoläthers (c_a 0,05 g/l) ist die Micellbildung gegenüber der Adsorption von Einzelmolekülen begünstigt. Hieraus resultiert eine Abnahme der Waschwirkung bei Konzentrationen oberhalb der kritischen Micellbildungskonzentration. Das Vorliegen von Micellen vermindert die Aktivität der Tensideinzelmoleküle und damit auch die Änderung der freien Adsorptionsenthalpie.

An Polyamidfasern findet zusätzlich zur Adsorption von Natriumdodecylsulfat durch *van der Waals*'sche Kräfte, die für den Wascheffekt verantwortlich ist, eine Adsorption über ionische Bindungen statt. Eine getrennte Bestimmung der freien Adsorptionsenthalpien für beide Adsorptionsarten ist z. Z. noch nicht möglich.

Es sei betont, daß die hier angestellten Betrachtungen einen Versuch darstellen, quantitative Beziehungen zwischen Tensidadsorption und Pigmentschmutzauswaschbarkeit abzuleiten. Dabei wurde je ein Vertreter zweier Tensidklassen herausgegriffen. Zur Absicherung der getroffenen Schlußfolgerungen wäre eine Untersuchung des Zusammenhanges zwischen Adsorption und Pigmentschmutzauswaschbarkeit an einheitlichen Tensidklassen, z. B. an Alkylphenolpolyglykoläthern unterschiedlicher Alkylkettenlänge oder unterschiedlichen Oxäthylierungsgrades oder Natriumalkylsulfaten unterschiedlicher Alkylkettenlänge, durchzuführen. Diesbezügliche Untersuchungen befinden sich in Vorbereitung. Weitere Probleme, die in diesem Zusammenhang bearbeitet werden müßten, sind

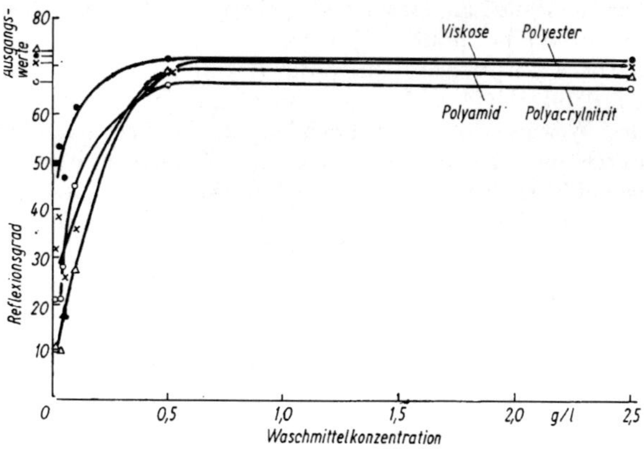

Bild 10. Rückvergrauung von Faserstoffen in rußhaltigen Lösungen von Nonylphenolpolyglykoläther

Einfluß der Temperatur auf die Tensidadsorption und die Schmutzauswaschbarkeit,

Entwicklung exakterer Methoden zur Bestimmung der freien Adsorptionsenthalpien an der Phasengrenze Faserstoff/wäßrige Tensidlösung.

3.2. Rückvergrauung

In den Bildern 10 und 11 ist die Rückvergrauung der vier untersuchten Faserstoffe als Funktion der Tensidkonzentration der schmutzhaltigen Waschflotte dargestellt. Es ist deutlich erkennbar, daß der sowohl vom Ruß als auch von den Faserstoffen stark adsorbierte Nonylphenolpolyglykoläther an allen Faserstoffen bei Konzentrationen > 0,5 g/l eine Rückvergrauung praktisch verhindert. Demgegenüber tritt in Lösungen des schwächer adsorbierten Natriumdodecylsulfats (die ionische Bindung des Natriumdodecylsulfats an Polyamid sei unberücksichtigt) eine wesentlich stärkere Rückvergrauung auf.

Im Gegensatz zur Trockenschmutzauswaschbarkeit zeigt auch an Viskosefaserstoffen das nichtionogene Tensid einen besseren Effekt als Natriumdodecylsulfat. Hieraus kann in Verbindung mit dem annähernd gleichen Kurvenverlauf an allen vier Faserstoffen in Bild 10 geschlossen werden, daß die starke Adsorption

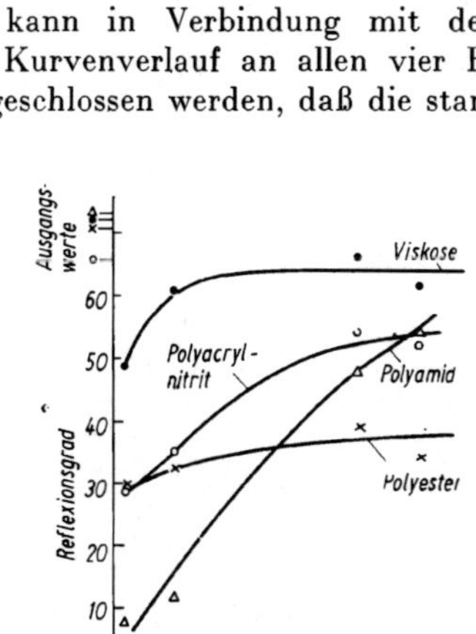

Bild 11. Rückvergrauung von Faserstoffen in rußhaltigen Lösungen von Natriumdodecylsulfat

des Nonylphenolpolyglykoläthers am Ruß für die geringe Rückvergrauung aus Waschflotten dieses Tensids verantwortlich ist. Die chemische Konstitution der Faserstoffoberfläche spielt in diesem Fall, d. h. bei starker Adsorption der Tensidmoleküle an den Schmutzpartikeln nur eine untergeordnete Rolle. Umgekehrt gilt, daß eine Vorbehandlung von z. B. Polyesterfaserstoffen mit stark adsorbierbaren Tensiden auch dann eine Rückvergrauung verhindert, wenn in rußhaltigen Lösungen von solchen Tensiden gewaschen wird, die von Ruß nur wenig adsorbiert werden [7].

Werden Tenside wie Natriumdodecylsulfat nur schwach an Rußpartikeln und Faserstoffen adsorbiert, dann ist die Hydrophilie der Faserstoffoberfläche für die Rückvergrauung von Bedeutung. An der hydrophilen Oberfläche der Viskose ist eine Bindung der Rußpartikel durch *van der Waals*'sche Kräfte erschwert, da Wasser in „Konkurrenzadsorption" über Wasserstoffbrückenbindungen an die OH-Gruppen der Cellulosemoleküle gebunden wird. Die durch steigende Konzentration an Natriumdodecylsulfat bewirkte Hydrophobierung wird wahrscheinlich durch eine Zunahme der Dispergierung der Rußpartikel annähernd ausgeglichen. An den hydrophoben Fasern, die in Lösungen von Natriumdodecylsulfat weder von Wasser noch von Tensidmolekülen stärkere Adsorptionsschichten ausbilden, sind dagegen *van der Waals*'sche Bindungen mit den Rußpartikeln, die ebenfalls nur wenig Tensid adsorbieren, möglich.

3.3. *Einfluß elektrostatischer Abstoßungskräfte*

Nach *v. Stackelberg* u. Mitarb. [1] sowie *Kling* und *Lange* [2] wird die Waschwirkung der anionaktiven Tenside u. a. auf die Tatsache zurückgeführt, daß diese Tenside das negative Zeta-Potential der Faserstoffe und der Schmutzpartikel erhöhen. Die verstärkte negative Aufladung der Faserstoffe soll dann zu einer elektrostatischen Abstoßung beider Komponenten führen. Diese Annahmen konnten durch die durchgeführten Untersuchungen zur Pigmentschmutzauswaschbarkeit und Rückvergrauung von Faserstoffen nicht bestätigt werden. An Viskosefaserstoffen nimmt die Pigmentschmutzauswaschbarkeit mit steigender Konzentration an Natriumdodecylsulfat ab, obwohl nach [1, 2] das negative Zeta-Potential von Faserstoff und Schmutz ansteigt. Weiterhin wird mit dem verwendeten Nonylphenolpolyglykoläther, der das Zeta-Potential von Polyesterfaserstoffen nur geringfügig ändert, hier ein besserer Wascheffekt erreicht als mit dem potentialerhöhenden Natriumdodecylsulfat. Ähnliches gilt für die Rückvergrauung; auch hier tritt in Lösungen des Nonylphenolpolyglykoläthers eine geringere Rückvergrauung als in Natriumdodecylsulfatlösungen auf. Während also durch Zeta-Potential-Messungen Aufschlüsse über die Trockenanschmutzungsneigung der Faserstoffe zu erhalten sind [8], ist die Anwendung von Zeta-Potential-Messungen zur Interpretation des Wasch- und Rückvergrauungsvorganges offensichtlich nicht ohne weiteres möglich, da das Zeta-Potential von Faserstoffen sowohl die Adsorptionseigenschaften als auch die Anordnung elektrischer Ladungsträger an der Phasengrenze Faserstoff/wäßrige Lösung zum Ausdruck bringt.

4. *Zusammenfassung*

Es wurde die Adsorption von Natriumdodecylsulfat und einem Nonylphenolpolyglykoläther an Viskose-, Polyamid-, Polyester- und Polyacrylnitrilfaserstoffen sowie Gasruß aus $4 \cdot 10^{-6}$ bis $1 \cdot 10^{-4}$ molaren wäßrigen Lösungen untersucht. Die erhaltenen Ergebnisse wurden zu Untersuchungen der Pigmentschmutzauswaschbarkeit bzw. der Rückvergrauung der genannten Faserstoffe mit bzw. in Lösungen der Tenside in Beziehung gesetzt. An Viskosefaserstoffen nimmt die Schmutzauswaschbarkeit mit steigender Tensidkonzentration der Waschflotte ab, wobei der stark adsorbierbare Nonylphenolpolyglykoläther einen stärkeren Effekt als Natriumdodecylsulfat zeigt. Dagegen nimmt die Schmutzauswaschbarkeit von Polyesterfaserstoffen mit steigender Tensidkonzentration der Waschflotte zu, die Waschwirkung ist hier der Adsorbierbarkeit des Tensids proportional. An Polyamid- und Polyacrylnitrilfaserstoffen ist der Zusammenhang zwischen Schmutzauswaschbarkeit und Tensidadsorption nicht eindeutig. Die Entfernung des untersuchten Pigmentschmutzes im Waschprozeß wird primär als Verdrängung der Schmutzpartikel durch Wasser an hydrophilen bzw. durch Tensidmoleküle an hydrophoben Faserstoffen gedeutet. Die auf diese Weise verdrängten Schmutzpartikel werden durch die mechanische Behandlung sowie die Dispergierung durch Tenside beim Waschvorgang endgültig vom Faserstoff entfernt. Die Rückvergrauung aus rußhaltigen Waschflotten ist um so geringer, je stärker die Adsorption des Tensids am Ruß ist. In Lösungen des verwendeten Nonylphenolpolyglykoläthers ist die chemische Konstitution der Faserstoffe ohne Bedeutung für die Rückvergrauung, in Natriumdodecylsulfatlösungen wird diese dagegen durch die Hydrophilie der Faserstoffe beeinflußt. Eine Abhängigkeit sowohl der Pigmentschmutzauswaschbarkeit als auch der Rückvergrauung vom Zeta-Potential der Faserstoffe in den Tensidlösungen konnte nicht festgestellt werden.

Herrn Dipl.-Chem. *G. Wasow*, Zentralinstitut für organische Chemie der AdW, Bereich Grenzflächenaktive Stoffe, sei für die Unterstützung bei der Interpretation der Meßergebnisse bestens gedankt.

Literatur

[1] *v. Stackelberg, M., Kling, W., Benzel, W.*, und *Wilke, F.:* Die elektrokinetischen Potentiale von Textilfasern in Lösungen von normalen Elektrolyten und von grenzflächenaktiven Verbindungen. Kolloid-Z. **135** (1954) S. 67–80.
[2] *Kling, W.*, und *Lange, H.:* Über das elektrophoretische Verhalten von Pigmentteilchen in Waschmittel-Lösungen. Kolloid-Z. **127** (1952) S. 19–27.
[3] *Schwuger, M. J.:* Zur Kenntnis der Zusammenhänge zwischen Adsorption und Waschwirkung von Tensiden. Chemie-Ing. Technik **12** (1971) S. 705–710.
[4] *Flath, H.-J.:* Prüfmethoden für die Anschmutzung von Textilien. Dt. Textiltechnik **18** (1968) S. 97–105.
[5] *Schröder, E., Helmstedt, M.*, und *Jehring, H.:* Beiträge zur analytischen Chemie der Plaste. XXIII. Bestimmung von Alkylsulfonaten in Emulsions-PVC. Plaste u. Kautschuk **12** (1965) S. 666–670.
[6] *Jehring, H.*, und *Weiß, A.:* Untersuchungen mit der Wechselstrompolarographie. (VIII). Das Adsorptionsverhalten von Polyäthylenglykoläthern an der Phasengrenze Hg/Elektrolyt. Tenside, München **6** (1969) S. 251–257.
[7] DDP 86369 v. 1970.
[8] *Jacobasch, H.-J.*, und *Flath, H.-J.:* Zu den Ursachen der Trockenanschmutzung von Textilien. Faserforsch. u. Textiltechnik **20** (1969) 7, S. 338–346.
[9] *Parsons, R.:* Trans. Faraday Soc. **55** (1955) S. 999.
[10] *Hearle, J. W. S.*, und *Peters, R. H.:* Moisture in Textiles. Manchester/London: The Textile Inst. and Butherworths 1960.

Eingegangen am 2. März 1973

Untersuchungen zum Kondensationsverlauf bei der Knitterarmausrüstung mit N-Methylolverbindungen

III. Mitt.: Abhängigkeit des Kondensationsverlaufes von den technologischen Bedingungen[1])

Iris Günther, Hector de la Torre[2]) *und Hans-Joachim Flath*
Technische Universität Dresden, Sektion Chemie

DK 677.61:677.862.212:677.016.1/.6:66.095.3:547.421

In der I. Mitteilung wurden die Methoden zur Bestimmung von N-Methylolverbindungen in Handelsprodukten und in der II. Mitteilung die Charakterisierung der bei der Kondensation entstehenden Acetalverbindungen besprochen. In der vorliegenden Arbeit werden die an knitterarm ausgerüsteten Geweben erhaltenen textilphysikalischen und chemischen Untersuchungsergebnisse behandelt und Abhängigkeiten ermittelt. Auf Grund der vorliegenden Ergebnisse wird es möglich, den Kondensationsverlauf chemisch zu verfolgen.

Исследования хода процесса конденсации при несминаемой отделке N-метилольными соединениями
III. Сообщ. Зависимость хода процесса конденсации от технологических условий

В первом сообщении были обсуждены методы определения N-метилольных соединений в промышленных продуктах, а во втором сообщении охарактеризовываны образующиеся при конденсации ацетальные соединения. В настоящей работе приведены результаты физико-механических испытаний и химического анализа тканей с несминаемой отделкой. Полученные результаты позволяют проследить химизм процесса конденсации.

Investigations on the Condensation Process in Wrinkle Recovery Finishing by N-methylol Compounds.
III. Commun. Dependance of the Condensation Process on the Technological Conditions

The first communication was concerned with the methods of determination of methylol compounds in commercial finishing agents, the second communication dealt with the characterisation of acetal bonds formed in the condensation process. In the present communication the results obtained in investigating finished fabrics by physical and chemical methods are discussed and relationships between these results are established. An interpretation of the condensation process is based on the results.

Einleitung

Die technische Durchführung der klassischen Ausrüstung von Baumwollgeweben mit N-Methylolverbindungen wird heute sehr gut beherrscht. Bei einer Änderung der Rezeptur oder der Verfahrensbedingungen benötigt man jedoch wieder experimentelle Untersuchungen zur Ermittlung der besten Effekte. *Loß* [53] hat einige Faktoren verfolgt, die einen Einfluß auf die Harzbildung ausüben können, so z. B. das Imprägnieren, die Trocknungs- und Kondensationsbedingungen. Den Einfluß der Formaldehydkonzentration in der Atmosphäre des Kondensationsofens haben *Alvsaker* und *Turner* [54] neben anderen Parametern erfaßt und den Ausfall der Gewebeeigenschaften damit verglichen.

Die Ursachen für die Schwierigkeiten des Kondensationsprozesses sind einmal chemischer bzw. reaktionskinetischer Natur (Katalyse der Vernetzung) und zum anderen verfahrenstechnisch bedingt, da die exakte Einhaltung von Kondensationstemperatur und -zeit problematisch ist.

Rüttiger und *Krüger* [55] glauben mit Hilfe von Geschwindigkeitskonstanten für die Vernetzungsreaktion der Cellulose mit dem Reaktant für einen Artikel bei gegebener Rezeptur und Kondensationstemperatur die notwendige Zeit für eine bestimmte Vernetzungsausbeute errechnen zu können. Da das Textilgut nicht schlagartig die Kondensationstemperatur annimmt, sondern eine Aufheizphase benötigt, versuchen sie die Zeit für das Aufheizen des Gewebes zu bestimmen.

Nach *Rümens* [56] ist das Optimum des Ausrüstungseffektes hinsichtlich der Reaktivität, der mechanisch-technologischen Werte und der Hydrolysestabilität für verschiedene Methylolverbindungen von den Ausrüstungsbedingungen abhängig. Auch *Bille* und *Petersen* [57] diskutieren die Zusammenhänge zwischen Vernetzungsverfahren und Eigenschaften der veredelten Ware für substituierte Propylenharnstoffe.

Grundsätzlich kann gesagt werden, daß mit der Verschärfung der Kondensationsbedingungen ein besseres Knittererholungsvermögen erzielt wird, daß aber in gleichem Maße die Reißfestigkeit und die Scheuerbeständigkeit sinken. Das Problem besteht in der Suche nach minimalen Festigkeitsverlusten; d. h. die Ausrüstung optimal, kontrollierbar und vorausberechenbar zu gestalten.

Es müssen eindeutige Abhängigkeiten gefunden werden, durch die man in die Lage versetzt wird, die Empirie zu ersetzen und die Produktion schnell zu kontrollieren. Wir versuchten, mit Hilfe der im Teil I und II beschriebenen Analysenmethoden den Kondensationsverlauf in Abhängigkeit von der Temperatur und Zeit sowie der Konzentration des Monomeren zu erfassen. Es ist jedoch sehr schwierig, allgemeingültige mathematische Kenngrößen für die Kondensation zu finden. Zwar ist immer eine Tendenz in den Beziehungen zwischen den erhaltenen Analysendaten und den Kondensationsbedingungen erkennbar, doch lassen sich diese nicht in jedem Falle mathematisch ausdrücken.

Als typische Vertreter verwendeten wir die zur Bügelfreiausrüstung in großem Maßstab eingesetzten Substanzen DMEU und $DM(OH)_2EU$ in Form ihrer Handelsprodukte Carbamol ZEM und React HE. $DM(OH)_2EU$ ist eine wesentlich reaktionsträgere und damit hydrolysenbeständigere Substanz als DMEU.

Die Rezepturen wurden nach den von den Textilhilfsmittelherstellern angegebenen Vorschriften zusammengesetzt. Statt des angegebenen Magnesiumchlorides als Katalysator wurde Magnesiumnitrat verwendet, da das Chlorid einige der ausgewählten Analysenmethoden stören würde. Weichmacher und Netzmittel wurden nach Rezeptur verwendet. Das mit der Flotte imprägnierte Gewebe wurde auf einem Foulard so abgequetscht, daß sich ein Abquetsch-

[1]) II. Mitt.: Faserforsch. u. Textiltechnik **24** (1973) 5, S. 198–206.

[2]) Auszug aus der Dissertation von *H. de la Torre* und *I. Günther* „Untersuchungen zum Kondensationsverlauf bei der Knitterarmausrüstung mit N-Methylolverbindungen" Technische Universität Dresden 1971.

[3]) Jetzige Anschrift: Laboratorio Central de Investigaciones Textiles, Carretera de Varona Km 1, Havanna, Kuba.

effekt von 70% ergab. Die Trocknung erfolgte bei 100 °C. Nach 24 h Klimatisierung wurde kondensiert. Trocknung und Kondensation wurden im Benz-Labor-Trockner durchgeführt. Es schloß sich eine Feinwäsche bei 40 °C an. Als Variable wurden die Konzentration des Vernetzers, die Kondensationstemperatur (120 bis 170 °C ± 5 grd) und die -zeit (1 bis 7 min ± 15 s) gewählt.

Für alle Verfahren wurde das gleiche Gewebe aus Hemdenpopeline OP-2 verwendet.

1. Trockenvernetzung mit DMEU

1.1. Ergebnisse der Ausrüstung mit DMEU

Das zur Ausrüstung verwendete flüssige Handelsprodukt Carbamol ZEM enthielt 50% DMEU.

Die Tabelle 1 enthält die textilphysikalischen Eigenschaften des veredelten Gewebes. Es zeigt sich, daß der Naßknitterwinkel schon unter milden Kondensationsbedingungen einen höheren Wert als der Trockenknitterwinkel besitzt und mit der Verschärfung der Kondensation nur noch schwach ansteigt. Dies ist wahrscheinlich auf eine Vernetzung während der eintägigen Klimatisierung zwischen Trocknungs- und Kondensationsprozeß zurückzuführen. Das Gewebe befindet sich in dieser Zeit in einem schwach gequollenen Zustand.

Der Trockenknitterwinkel wird mit der Erhöhung der Kondensationszeit und -temperatur noch vergrößert (Bild 1). Die Verfolgung der chemischen Analysendaten mit fortschreitender Kondensation (Tabellen 2 und 3) zeigt keine große Differenzierung. Das bedeutet, daß die Kondensation bei dieser N-Methylolverbindung bei sehr milden Bedingungen beginnt. Die Gehalte an Gesamtformaldehyd und Stickstoff steigen mit Verschärfung der Kondensation nur schwach an. Das ungewaschene Gewebe enthält größere Mengen Gesamtformaldehyd, jedoch weniger als das nur imprägnierte Gewebe. Das deutet auf eine Formaldehydabspaltung während der Kondensation hin.

Klimatisiert man das Gewebe zwischen Trocknung und Kondensation nicht, so ist ein stärkeres Ansteigen der Gesamtformaldehydgehalte mit der Kondensation zu beobachten. Es muß also schon während der Lagerung zur Reaktion mit dem Vernetzer kommen.

Tabelle 1. Textilphysikalische Eigenschaften des mit 200 g/l CARBAMOL ZEM *ausgerüsteten Gewebes in Abhängigkeit von der Kondensationstemperatur (Kondensationszeit* 2 min*)*

Kondensationstemperatur °C	NKW DW 80 °C K	NKW DW 80 °C S	TKW DW 80 °C K	TKW DW 80 °C S	ΔP K %	ΔP S %	Δm %
Rohgewebe	99	103	48	59	—	—	4,9
130	129	128	121	121	17,7	40,1	7,3
140	127	128	123	111	27,7	54,0	6,2
150	129	128	135	131	40,8	49,5	7,7
160	125	132	136	130	34,9	53,8	9,5

NKW = Naßknitterwinkel;
ΔP = Reißkraftabfall;
DW = Dauerwäsche
TKW = Trockenknitterwinkel
Δm = Scheuerabrieb;

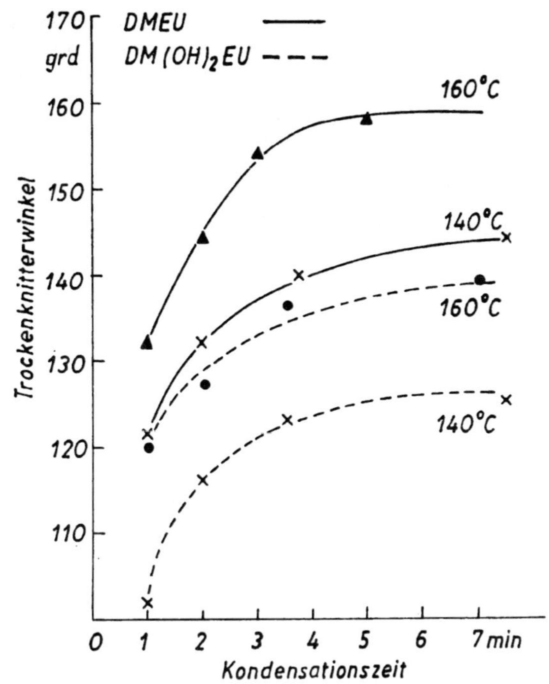

Bild 1. Abhängigkeit des TKW (nach einer Feinwäsche von den Kondensationsbedingungen

Die Konzentration an freien N-Methylolgruppen auf dem ungewaschenen Gewebe ist gut differenziert. Eine Aussage über den Kondensationsgrad ist aber nicht möglich. Der Methylolgruppengehalt des gewaschenen Gewebes ist wesentlich geringer und wird von uns auf einseitig gebundenen Vernetzer zurückgeführt.

Die kondensationsabhängigen Werte des gebundenen Formaldehyds könnten für die Optimierung nützlich sein, ebenso wie die Daten der sauren Hydrolyse bei 80 °C. Diese Werte erlauben Aussagen über die Vernetzung der Cellulose. Wenn man den Teil, der der Konzentration an Methylolgruppen entspricht und aus der einseitigen Bindung des Reaktanten an die Cellulose stammt, abzieht, erhält man eine Kennzahl für die Querverbindung des DMEU mit der Cellulose

$$\text{Cell—O—CH}_2\text{—N—CO—N—CH}_2\text{—O—Cell}$$

Wie Tabelle 3 und Bild 2 zeigen, nehmen die Werte für diese Querbrücke mit der Verschärfung der Kondensation zu.

Aus Bild 2 kann entnommen werden, daß die Vernetzung bei 130 °C nach einer Kondensationszeit von 7 min vollständig ist. Kondensiert man bei 140 °C, so wird das Maximum nach 4 min erreicht. Eine Kondensationstemperatur von 150 bzw. 160 °C benötigt nur noch 3 min zur Erreichung der Maximalwerte. (Für 150 und 160 °C liegen die Werte innerhalb der Fehlergrenze).

Methylenätherbrücken ($\text{—CH}_2\text{—O—CH}_2\text{—}$) wurden nur in sehr geringer Konzentration gefunden. Mit steigender Temperatur verschwinden sie vollkommen. Da sie nach unserer Meinung vom Vorkondensat mitgebracht werden — diese Brücke entsteht unter alkali

Tabelle 2. Chemische Untersuchungen von Geweben nach der Trockenvernetzung mit CARBAMOL ZEM — *Abhängigkeit von den Kondensationsbedingungen (Angaben in %)*

Kondensations-bedingg. / Kondensations-Zeit min	ohne Wäsche alkalische Hydrolyse 20 °C >N—CH_2OH	Feinwäsche adsorb. CH_2O	Feinwäsche alkalische Hydrolyse 20 °C >N—CH_2OH (a)	alkalische Hydrolyse 80 °C (b)	saure Hydrolyse 80 °C >N—CH_2O—-Cell (c)	Gesamt- CH_2O (d)	Stick-stoff
getrocknet	1,15					2,90	
130 °C							
2,0	0,68	0,11	0,49	0,65	1,56	2,18	0,88
2,5	0,65	0,06	0,43	0,53	1,78	2,35	1,12
7,0	0,50	0,03	0,31	0,41	1,91	2,32	1,40
140 °C							
1,0	0,75	0,08	0,42	0,51	1,69	2,35	1,25
2,0	0,64	0,06	0,36	0,46	1,90	2,45	1,33
4,0	0,56	0,05	0,36	0,46	1,86	2,47	1,34
7,5	0,50	0,04	0,31	0,41	1,96	2,40	1,28
150 °C							
1,0	0,63	0,08	0,39	0,49	1,97	2,78	1,30
2,0	0,61	0,07	0,36	0,43	2,06	2,71	1,40
3,0	0,57	0,06	0,34	0,36	2,10	2,84	1,50
7,0	0,49	0,04	0,30	0,29	2,12	2,60	1,41
160 °C							
1,0	0,49	0,08	0,30	0,32	1,94	2,62	1,20
2,0	0,44	0,08	0,30	0,30	2,02	2,54	1,24
3,0	0,39	0,05	0,23	0,21	2,08	2,81	1,43
5,0	0,34	0,04	0,20	0,18	2,10	2,79	1,34
170 °C							
3,0	0,39	0,07	0,26	0,26	2,00	2,55	1,26

Tabelle 3. Aus den chemischen Untersuchungen der DMEU-Ausrüstung abgeleitete Bestandteile (Angaben in %)

Kondens.-Bedingg. Zeit min	gebundener CH_2O (d — a)	Dimethylenäther —CH_2—O—CH_2— (b — a)	säurebeständiger Anteil —CH_2— (d — b — c)	Querbindung Cell-DMEU Cell—O—CH_2—N< (c — a)
130 °C				
2,0	1,69	0,16	—	1,07
2,5	1,92	0,11	—	1,35
7,0	2,01	0,10	—	1,60
140 °C				
1,0	1,93	0,09	0,15	1,27
2,0	2,09	0,10	0,09	1,54
4,0	2,11	0,10	0,15	1,50
7,5	2,09	0,10	—	1,65
150 °C				
1,0	2,39	0,10	0,32	1,58
2,0	2,35	0,07	0,32	1,70
3,0	2,50	—	0,38	1,76
7,0	2,30	—	0,19	1,82
160 °C				
1,0	2,32	—	0,32	1,64
2,0	2,24	—	0,22	1,72
3,0	2,58	—	0,52	1,85
5,0	2,59	—	0,54	1,90
170 °C				
3,0	2,26	—	0,29	1,74

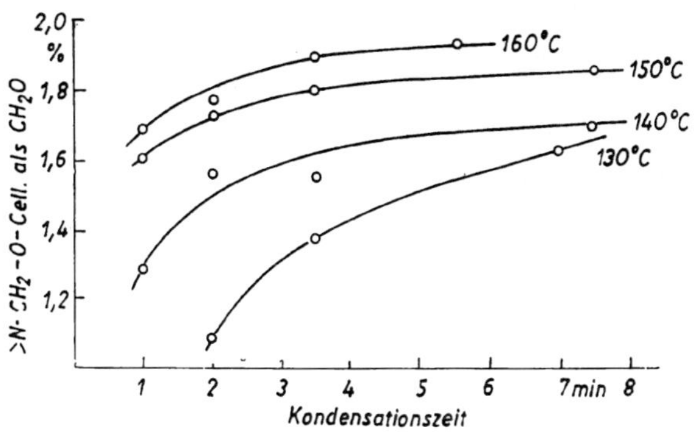

Bild 2. Beziehungen zwischen der Cellulosevernetzung mit DMEU und den Kondensationsbedingungen

Tabelle 4. Textilphysikalische Eigenschaften des mit 200 g/l REACT HE *ausgerüsteten Gewebes in Abhängigkeit von der Kondensationstemperatur (Kondensationszeit 2 min)*

Kond.-Temp. °C	NKW DW 80 °C K	NKW DW 80 °C S	TKW DW 80 °C K	TKW DW 80 °C S	ΔP K %	ΔP S %	Δm %
Rohgewebe	99	103	48	59	—	—	4,9
130	119	121	103	103	38,6	52,5	11,2
140	127	122	117	115	43,6	59,4	14,2
150	125	124	125	124	46,3	58,7	16,3
160	128	127	127	128	43,0	58,5	16,9
170	130	134	131	133	64,0	66,7	22,5

schen, nicht aber unter sauren Bedingungen — ist sie für den Kondensationsgrad belanglos.

Die gegen die saure Hydrolyse beständigen Anteile geben keinen guten Überblick über die Kondensation. Die Daten sind das Ergebnis dreier verschiedener Analysenmethoden, deren absolute Fehler sich addieren können:

Chromotropsäure-Methode: $\pm 0{,}1$ %,
DIMEDON-Methode: $\pm 0{,}05$%,
Cyanid-Methode: $\pm 0{,}05$%.

Für die Berechnung d—b—c ergibt sich ein absoluter Fehler von max. $\pm 0{,}2$%. Die Ergebnisse, die oft in dieser Größenordnung liegen, werden dadurch unsicher.

1.2. Zusammenhang zwischen den Bindungszuständen des veredelten Gewebes und seinen textilphysikalischen Eigenschaften

Aus Bild 3 ist zu entnehmen, daß der gebundene Formaldehyd in keinem eindeutigen Verhältnis zum Trockenknitterwinkel steht. Dagegen ergibt sich eine lineare Abhängigkeit des TKW von der Bindung zwischen Vernetzer und Cellulose ($>N-CH_2-O-Cell$) (Bild 4). Die zunehmende Vernetzung der Cellulose führt zur Verbesserung des Trockenknitterverhaltens.

Trockenvernetzung mit $DM(OH)_2EU$

2.1. Ergebnisse der Ausrüstung mit $DM(OH)_2EU$

Das zur Ausrüstung verwendete flüssige Handelsprodukt REACT HE enthielt 33% $DM(OH)_2EU$.

In der Tabelle 4 sind die textilphysikalischen Eigenschaften des veredelten Gewebes zusammengestellt. Wie bei der Ausrüstung mit DMEU ist der Naßknitterwinkel schon nach einer milden Kondensation gut und wird durch eine Verschärfung der Kondensationsbedingungen gesteigert. Eine Temperaturerhöhung vergrößert den Trockenknitterwinkel erheblich. Maximalwerte werden bei 160 und 170 °C erreicht.

Damit verbunden ist ein starker Festigkeitsabfall. Wahrscheinlich wird die zusätzliche Vernetzung durch die ringständigen Hydroxylgruppen bei scharfen Kondensationsbedingungen wirksam. Besonders große Festigkeitseinbußen sind in den Bereichen zu bemerken, in denen auch die Oxydation mit Natriumbromit minimal war (160 °C, 4 und 7 min; 170 °C). Auch der Scheuerfestigkeitsverlust ist wesentlich größer als bei der DMEU-Ausrüstung.

Die Tabellen 5 und 6 spiegeln die Ergebnisse der chemischen Untersuchungen wider.

Stickstoff und Gesamtformaldehyd schwanken um einen Mittelwert. Lediglich bei sehr milden Konden-

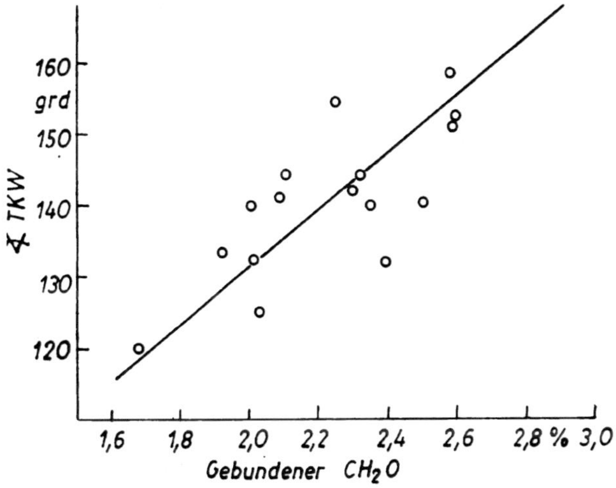

Bild 3. Beziehungen zwischen TKW (α 60) und gebundenem Formaldehyd

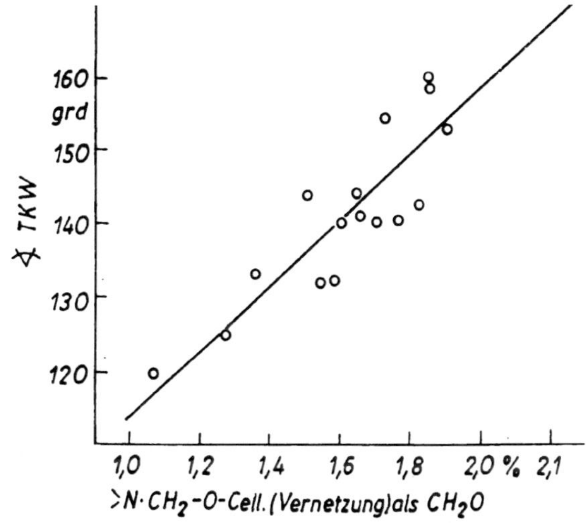

Bild 4. Beziehungen zwischen TKW und dem Gehalt an ($>N-CH_2-O-Cell$)-Bindungen

Tabelle 5. Chemische Untersuchungen von Geweben nach der Trockenvernetzung mit REACT HE (200 g/l) — *Abhängigkeit von den Kondensationsbedingungen (Angaben in %)*

Kondensations-bedingungen Zeit min	ohne Wäsche alkalische Hydrolyse 20 °C freie $>N-CH_2OH$	Feinwäsche adsorb. CH_2O	alkalische Hydrolyse 20 °C freie $>N-CH_2OH$ (a)	alkalische Hydrolyse 80 °C (b)	Gesamt-CH_2O (c)	Stickstoff (d)
getrocknet	1,70					
130 °C						
2,0	0,90	0,03	0,57	1,01	1,33	0,65
140 °C						
1,0	0,84	0,03	0,57	0,96	1,14	0,63
2,0	0,79	0,03	0,56	0,89	1,46	0,83
3,0	0,59	0,03	0,53	0,86	1,59	0,84
7,0	0,49	0,02	0,44	0,81	1,60	0,89
150 °C						
1,0	0,66	0,03	0,54	0,92	1,43	0,72
2,0	0,54	0,03	0,46	0,89	1,54	0,88
4,5	0,49	0,02	0,42	0,79	1,52	0,81
7,0	0,44	0,01	0,46	0,71	1,55	0,83
160 °C						
1,0	0,54	0,03	0,40	0,85	1,53	0,90
2,0	0,44	0,03	0,40	0,86	1,52	0,87
4,0	0,44	0,03	0,38	0,76	1,59	0,93
6,5	0,39	0,02	0,40	0,75	1,51	0,77
170 °C						
1,0	0,47	0,03	0,40	0,91	1,57	0,80
1,5	0,40	0,04	0,40	0,79	1,56	0,98
2,5	0,40	0,04	0,40	0,76	1,55	0,98
5,0	0,40	0,04	0,40	0,79	1,53	1,0

sationstemperaturen sind die Werte kleiner. Auch der gebundene Formaldehyd zeigt nur eine sehr schwache Tendenz. Oberhalb 140 °C und 3,5 min erreichen diese chemischen Parameter konstante Werte. Die Ergebnisse sind niedriger als die für DMEU bestimmten, obwohl die textilphysikalischen Eigenschaften sehr ähnlich sind. Abgesehen davon, daß die wirksame Konzentration an $DM(OH)_2EU$ kleiner war als bei DMEU, liegt hier ein indirekter Nachweis für eine andere bzw. zusätzliche Bindungsart vor.

Das geht auch aus den bei 80 °C alkalisch hydrolysierbaren und den alkalibeständigen Anteilen hervor, die sich als Funktion der Kondensationszeit ändern.

Charakteristisch für die Ausrüstung mit $DM(OH)_2EU$ ist der Zustand B, in dem die vier Hydroxylgruppen des Vernetzers die Cellulose veräthern (siehe auch II. Mitteilung). Das Bild 5 gibt über den Anteil dieser Bindung Auskunft. Bei Kondensationstemperaturen von 140 und 150 °C nimmt die Konzentration des Zustandes B mit der Zeit zu und erreicht nach 4 bis 5 min annähernd den Endwert. Bei 160 °C werden Maximalwerte zwischen 2 und 4 min, bei 170°C schon zwishen 1,5 bis 2,5 erreicht, um dann wieder abzusinken.

Aus den Kurvenverläufen kann man ablesen, daß man den gleichen Maximalzustand bei

170 °C, 2 min; 150 °C, 5 min;

160 °C, 3,5 min; 140 °C, 7 min.

Tabelle 6. Aus den chemischen Untersuchungen der $DM(OH)_2EU$-Ausrüstung abgeleitete Bestandteile (Angaben in %)

Kondens.-bedg. Zeit (min)	gebundener CH_2O (c—a)	Zustand (A) (b—a)	Zustand (B) (c—b)	(B)/(A)
130 °C				
2,0	0,76	0,44	0,32	0,73
140 °C				
1,0	0,57	0,31	0,18	0,58
2,0	0,90	0,33	0,57	1,73
4,5	1,06	0,33	0,73	2,20
7,0	1,16	0,27	0,79	2,80
150 °C				
1,0	0,92	0,41	0,51	1,24
2,0	1,08	0,43	0,65	1,56
4,5	1,10	0,37	0,73	1,97
7,0	1,09	0,25	0,84	3,36
160 °C				
1,0	1,13	0,45	0,68	1,51
2,0	1,12	0,46	0,66	1,44
4,0	1,21	0,48	0,83	1,73
6,5	1,11	0,35	0,76	2,18
170 °C				
1,0	1,17	0,51	0,66	1,29
1,5	1,16	0,39	0,77	1,97
2,5	1,15	0,36	0,79	2,20
5,0	1,13	0,39	0,74	1,90

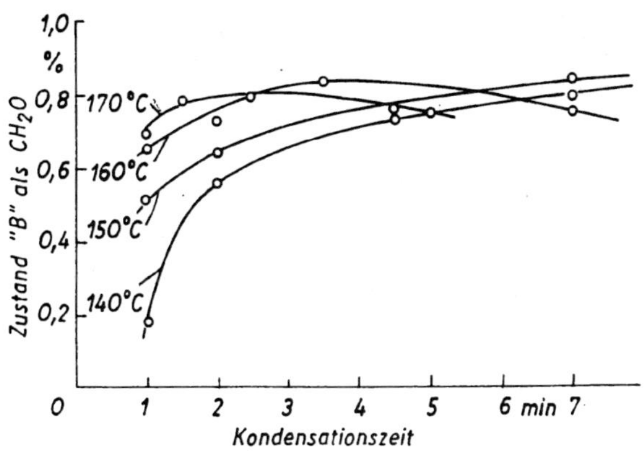

Bild 5. Beziehungen zwischen dem Zustand B und den Kondensationsbedingungen

erreichen kann. Das Abfallen der Kurven von 160 und 170 °C kann durch die mögliche Oxydation der Ringhydroxylgruppen durch das Nitratanion des Katalysators erklärt werden. Anhaltspunkte für diese Oxydation liefern auch die DTA-Untersuchungen.

2.2. Zusammenhang zwischen den Bindungszuständen des veredelten Gewebes und seinen textilphysikalischen Eigenschaften

Obwohl bei der $DM(OH)_2EU$-Ausrüstung der Gesamtformaldehyd ungefähr 60% der DMEU-Ausrüstung beträgt (diese beruht auf dem geringeren Substanzgehalt des REACT HE), erreichen die textilphysikalischen Eigenschaften die Werte der DMEU-Ausrüstung. Das bedeutet, daß die Cellulose nicht nur durch die N-Methylolgruppen vernetzt wird, sondern durch eine zweite Vernetzungsreaktion. Aus dem Bild 6 ist zu entnehmen, daß zwischen dem gebundenen Formaldehyd und dem Trockenknitterwinkel kein linearer Zusammenhang besteht. Dagegen steigt

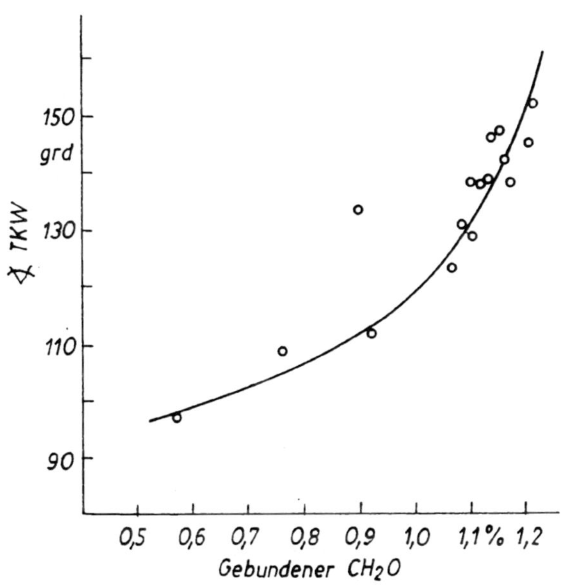

Bild 6. Beziehungen zwischen TKW (α 60) und gebundenem Formaldehyd

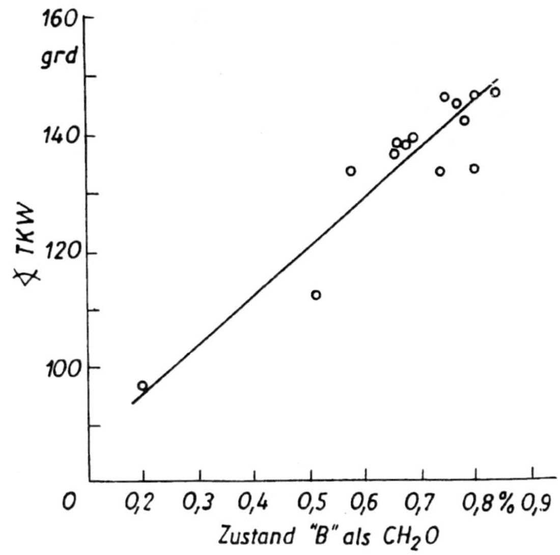

Bild 7. Beziehungen zwischen TKW (α 60) und Zustand B

der TKW linear mit der verstärkten Ausbildung des Zustandes B (Bild 7). Unter scharfen Kondensationsbedingungen reagieren die OH-Gruppen des Ringes und verbessern noch zusätzlich die Knittererholung. Der Zustand B charakterisiert besser den Kondensationszustand der $DM(OH)_2EU$-Ausrüstung als der gebundene Formaldehyd.

3. Zusammenfassung

1. Zur Verfolgung des Kondensationsverlaufes ist die Bestimmung eines chemischen Parameters nicht ausreichend. Am kondensierten Gewebe wurden nach einer Feinwäsche Stickstoff, Gesamtformaldehyd, N-Methylolgruppen, Dimethylenätherbrücken und die Bindung zwischen Cellulose und Reaktant bestimmt.
   Der Stickstoffgehalt beschreibt den gesamten Kondensationsverlauf und ist eine Kenngröße für den Harzgehalt des Gewebes. Er steigt mit den Kondensationsbedingungen an.
   Der Gesamtformaldehydgehalt ist für die Berechnung des Vernetzungsgrades und der verschiedenen Bindungen notwendig, allein ist er wenig aussagekräftig. Mit der Kondensationsverschärfung nimmt seine Konzentration zu.
   Die N-Methylolgruppen liefern Hinweise auf unvernetzte bzw. einseitig gebundene Substanzen. Ihr Gehalt sinkt ebenso wie der an freiem Formaldehyd.
   Die Dimethylenätherbrücken wurden nur in der DMEU-Ausrüstung nachgewiesen. Sie liegen in geringer Konzentration vor und verschwinden mit der Kondensationsverschärfung.
2. Bei annähernd gleichen textilphysikalischen Daten zeigen DMEU und $DM(OH)_2EU$ bei den chemischen Untersuchungen stark differenzierte Werte. Für $DM(OH)_2EU$ wurde weniger Formaldehyd und Stickstoff gefunden. Das läßt auf eine zusätzliche Vernetzung des $DM(OH)_2EU$ über die Hydroxylgruppen des Ringes schließen, die aber erst bei höherer Temperatur wirksam wird.
3. Für die DMEU-Ausrüstung gestattet die saure Hydrolyse bei 80 °C Aussagen über die Vernetzung zwischen N-Methylolgruppen und Cellulose. Es werden eindeutige Beziehungen zu den Kondensationsbedingungen und den textilphysikalischen Eigenschaften des Gewebes gefunden.

4. Für die Ausrüstung mit $DM(OH)_2EU$ gestattet die alkalische Hydrolyse bei 80 °C Aussagen über die Vernetzung der N-Methylolgruppen und Hydroxylgruppen des Ringes mit der Cellulose (Zustand B). Es konnte gezeigt werden, daß dieser Zustand B kondensationsabhängig ist und die textilphysikalischen Parameter beeinflußt.
5. Der Kondensationsverlauf bei der Trockenvernetzung ist in erster Linie von dem Reaktanttyp abhängig. Im Ausrüstungsbad liegt ein pH-abhängiges Gleichgewicht

$$\rangle N-CH_2-OH \rightleftharpoons \rangle NH + CH_2O$$

vor.
Bei einer scharfen Trocknung und während der Kondensation reagieren die N-Methylolgruppen mit der Cellulose. Eine Eigenvernetzung ist dabei nicht ganz auszuschließen. Die freien Imidogruppen können mit N-Methylolgruppen unter Bildung von Methylenbrücken reagieren. Mit der Verschärfung der Kondensationsbedingungen steigt der Anteil an Cellulose- und Eigenvernetzung. Die relativen Geschwindigkeiten beider Reaktionen hängen hauptsächlich vom Katalysator ab. Stark latent saure Katalysatoren begünstigen die Eigenvernetzung. Magnesiumsalze katalysieren die Cellulosevernetzung. Eine Formalisierung ist außerdem möglich.

Dem WTZ VVB Baumwolle danken wir für die Unterstützung und Finanzierung der im Rahmen der auftraggebundenen Forschung durchgeführten Arbeiten sowie die Genehmigung zur Publikation der vorgelegten Ergebnisse.

Literatur

[1 bis 52] s. Faserforsch. u. Textiltechnik **24** (1973) 4, S. 161 und 162; 5, S. 206.
[53] *Loß, R.:* Die Kondensation von Harnstoff-Formaldehydkunstharz auf Cellulosegeweben. Textil-Rdsch., St. Gallen **12** (1957) S. 502—507.
[54] *Alvsaker, J.*, und *Turner, H. A.:* Some experiments on the condensation of urea and formaldehyde on cellulosic materials. J. Soc. Dyers Colourists **71** (1955) S. 797—816.
[55] *Rüttiger, W.*, und *Krüger, R.:* Die verfahrenstechnischen Operationen des Kondensationsprozesses bei der klassischen Ausrüstung. Textilveredlung, Weinfelden/Schweiz **5** (1970) S. 541—545.
[56] *Rümens, W.*, und *Bille, H.:* Über den Einfluß der Verfahrenstechnik auf den Ausrüstungseffekt unter Berücksichtigung der chemischen Konstitution von N-Methylolverbindungen. Textilveredlung, Weinfelden/Schweiz **2** (1967) S. 317—326.
[57] *Bille, H.*, und *Petersen, H.:* Substituierte Propylenharnstoffe in der klassischen Ausrüstung, Naßvernetzung und Feuchtvernetzung. Textilveredlung, Weinfelden/Schweiz **2** (1967) S. 243—254.

Eingegangen am 6. Dezember 1972

Neue Bücher

Chemical Modification of Papermaking Fibers. Von *Kyle Ward* jr. (Fiber Science Series, Volume 4.) New York: Marcel Dekker 1973. VIII, 246 S. Lwd. $ 18,50.

In den letzten beiden Jahrzehnten ist eine sehr große Anzahl von Untersuchungen zur Modifizierung von Cellulose mit dem Ziel durchgeführt worden, die Eigenschaften der Celluloseprodukte zu verbessern bzw. neue Produkte mit neuen Eigenschaften herzustellen. Da dieses Gebiet weiterhin stark bearbeitet wird, ist es sehr zu begrüßen, daß von einem kompetenten Fachmann dieser Arbeitsrichtung die zahlreichen bisher in der Zeitschriften- und Patentliteratur vorliegenden Ergebnisse zur chemischen Modifizierung von Papier und die dadurch erzielten Eigenschaftsänderungen übersichtlich zusammengestellt wurden. Der Stoff ist nach Reaktionstypen gegliedert, wobei in jedem Kapitel die durch die Modifizierung erreichten Änderungen der Papierbzw. Zellstoffeigenschaften, wie z. B. Trocken- und Naßfestigkeit, Dimensionsstabilität, Weißgrad, Dampfsorption, Flammwiderstand, elektrische Eigenschaften oder Mahlbarkeit, an Hand zahlreicher, aus der Originalliteratur übernommener Tabellen und Diagramme ausführlich beschrieben werden.

Nach einem einführenden Kapitel (6 Seiten) werden zunächst die Veresterungsreaktionen behandelt (38 Seiten), wobei hier der Schwerpunkt bei der Acetylierung liegt. Bei den Verätherungsreaktionen (70 Seiten) spielt die Hydroxyäthylierung die größte Rolle. Daneben werden Cyanäthylierung, Carboxymethylierung, Carboxyäthylierung und andere Verätherungsreaktionen abgehandelt. Nach einem Kapitel über die Modifizierung durch Oxydation (14 Seiten) werden die Vernetzungsreaktionen besprochen (38 Seiten), wobei neben den Umsetzungen mit monomeren Agenzien, wie z. B. Formaldehyd, Glyoxal oder Diisocyanat, auch auf die Reaktionen mit polymeren Vernetzern, wie z. B. Formaldehydharzen, Polymerlatices oder oxydierten Stärken eingegangen wird. Das letzte Kapitel (50 Seiten) befaßt sich mit der Pfropfung von Zellstoff und Papier und den dadurch erzielten Verarbeitungs- und Eigenschaftsänderungen. Jedem Kapitel schließt sich ein umfangreiches Literaturverzeichnis an.

Obwohl im Text darauf eingegangen wird, welche Modifizierungsreaktionen auch industriell genutzt werden, hätten nach Meinung des Rezensenten diese Verfahren und Produkte etwas stärker betont werden sollen. Da das Buch jedoch einen ausgezeichneten Literaturüberblick über die chemische Modifizierung der Cellulose im Hinblick auf die Papierherstellung vermittelt, kann es empfohlen werden, und es wird auch für diejenigen, die sich mit der Modifizierung von Cellulose für textile oder andere Einsatzzwecke befassen, von Nutzen sein. *H. Schleicher*

Defect Electronics in Semiconductors. Von *Herbert F. Mataré.* New York/London/Sydney/Toronto: Wiley-Interscience 1971. XI, 639 S. Lwd. £ 13,65.

Das Buch beschäftigt sich mit elektronischen Eigenschaften von Festkörper-Defekten, wobei hauptsächlich verschiedene Versetzungstypen berücksichtigt werden. Die Herstellung von versetzungsfreien Einkristallen ist beim heutigen Stand der Halbleiterwissenschaft kein Problem mehr. Im technologischen Prozeß der Bauelemente-Herstellung werden aber Methoden verwendet (Diffusion, Strahlungsbehandlung), die zu Störungen der Kristallstruktur des ursprünglich defektfreien Einkristalls führen. Außerdem ist es von Bedeutung, daß die in Form von dünnen Filmen häufig verwendeten Halbleiterkristalle aus prinzipiellen Gründen mit einer geringeren Perfektion hergestellt werden können. Das Studium von Kristalldefekten ist deshalb eine Notwendigkeit, die durch den technologischen Prozeß und die praktische Nutzung von Halbleiterelementen bedingt wird. Darüber hinaus haben definierte regelmäßige Störungen des idealen Gitters durch Versetzungen oder Korngrenzen elektronische Anwendungen erlangt, wenn auch die Realisierung von Mikroelementen mit gezielter Versetzungsverteilung technisch noch sehr problematisch ist.

H. F. Mataré hat in dem sehr gut ausgestatteten Werk Ergebnisse aus der Literatur verschiedener Spezialgebiete der Halbleiterphysik zusammengestellt. Dabei wurden einige Ergebnisse, die über einen Zeitraum von mehr als zehn Jahren erhalten wurden, stark berücksichtigt.

Prof. Dr.-Ing. Dr.-Ing. E. h. Herbert Sommer †

Als anläßlich des 70. Geburtstages von *Herbert Sommer* am 2. 3. 1964 im Märzheft dieser Zeitschrift eine Würdigung seiner Verdienste erfolgte, glaubte wohl keiner seiner Mitarbeiter und Freunde daran, daß er das folgende Lebensjahrzehnt nicht mehr vollenden würde. Am 11. 5. 1973 verschied *Herbert Sommer* im 80. Lebensjahr in Berlin, nachdem er in den letzten Jahren verschiedene Krankheiten mit der ihm eigenen Geduld und der ihn immer wieder aufrichtenden Zuversicht durchzustehen wußte.

Bis zu seinem 70. Lebensjahr konnte er auf über 40 Jahre einer segensreichen Tätigkeit auf dem Gebiet der Textilprüfung zurückblicken, die auch mit seiner nach zehnjähriger Tätigkeit als Leiter der Abteilung „Textilprüfung und Textilveredlung" im Institut für Faserstoff-Forschung der Deutschen Akademie der Wissenschaften (dem jetzigen Institut für Polymerenchemie der Akademie der Wissenschaften der DDR) in Teltow-Seehof 1959 erfolgten Pensionierung nicht endete. *Herbert Sommer* wurde nicht nur durch die von ihm bereits 1926 entwickelte Formel zur Bestimmung der Ungleichmäßigkeit bekannt, die als „Sommer'sche Ungleichmäßigkeit" noch heute in den Textilprüfstandards vieler Länder verankert ist; seiner Feder entstammten auch weit über 100 wissenschaftliche Veröffentlichungen in Fachzeitschriften und Taschenbüchern. Als Krönung seiner Lebensarbeit kann aber wohl die 1960 erfolgte Herausgabe des Bandes V „Die Prüfung der Textilien" des „Handbuches der Werkstoff-Prüfung" angesehen werden. In dem auch heute noch eine Fundgrube des Textilprüfwissens darstellenden Werk gelang es ihm, die Beiträge von 20 Autoren durch eigene Beiträge so zu ergänzen, daß eine von der gesamten Fachwelt anerkannte, geschlossene Darstellung entstand.

Nach Abschluß dieser Arbeit gab sich *Herbert Sommer* aber noch längst nicht der verdienten Ruhe hin, sondern er war weiter aktiv auf dem Gebiet der Prüfverfahrensnormung tätig, die 1937 mit einem von ihm stark befruchteten, umfassenden Normblatt der Textilprüfung begann und seitdem von ihm durch unzählige Entwürfe, Stellungnahmen, Sitzungsteilnahmen und Gutachten national und international beeinflußt wurde. So übernahm er nach seiner Pensionierung noch 1961 die Aufgabe eines Sekretärs der ISO-Arbeitsgruppe für die Bestimmung des Knitterverhaltens textiler Flächengebilde. Schweren Herzens mußte er sich auf Grund seines angegriffenen Gesundheitszustandes aber nach und nach aus den vielen Gremien zurückziehen, in denen er immer noch tätig war. Sehr erfreut hat es ihn, als seine Verdienste um die Wissenschaft anläßlich der 40-Jahr-Feier des Instituts für Textiltechnik der TU Dresden im Jahre 1965 mit der Ehrenpromotion gewürdigt wurden.

Herbert Sommer war aber nicht nur ein großer Forscher, sondern ein ganz außergewöhnlicher Mensch. Seine Bescheidenheit und seine vielen anderen ausgezeichneten menschlichen Eigenschaften haben ihn stets einen verständnisvollen Berater und väterlichen Freund sein lassen. Für jeden von uns, die wir das Glück hatten, einen Teil unseres Lebensweges mit *Herbert Sommer* gemeinsam gehen zu dürfen, wird er unvergessen bleiben.

Friedrich Winkler

Neue Bücher (Fortsetzung)

Der Inhalt des Buches besteht im wesentlichen aus der geometrischen und physikalischen Beschreibung von Versetzungen und Korngrenzen, ihren elektronischen Eigenschaften und ihren Anwendungen in Halbleitergeräten. In den ersten drei Kapiteln werden einige Grundlagen der Festkörperphysik, wie z. B. die Mechanismen und Begriffe des Ladungsträger-Transportes und die Klassifikation von Defekten in Kristallen dargelegt. Die Kapitel 4 bis 7 sind der mathematischen Behandlung der Versetzungsgeometrie, der Kontinuumstheorie der Versetzungen, der Entstehung von Versetzungen durch Strahlenschäden und den mechanischen Eigenschaften von Versetzungen gewidmet. Elektronische Eigenschaften von Versetzungen und die durch Versetzungen hervorgerufene Anisotropie des Ladungsträgertransportes sind der Inhalt des 8. bis 10. Kapitels. Dabei werden u. a. Probleme der Rand- und Schraubenversetzungen dargestellt. Das Kapitel 11 beschäftigt sich mit Korngrenzen im Festkörper. Es werden die durch Korngrenzen veränderten Potentialbarrieren und der Einfluß von Korngrenzen auf den Hall-, Feld- sowie Photo-Effekt behandelt. Besondere Aufmerksamkeit wird den photoelektrischen Problemen gewidmet.

Die letzten Kapitel des Buches (Kap. 12 bis 15) behandeln die Technik des kontrollierten Wachstums von Versetzungen, und es wird ausführlich über die Wirkung von Versetzungen auf die Funktionsfähigkeit von Bauelementen berichtet.

Im Kapitel 15 werden Probleme über den Zusammenhang zwischen Versetzungen und der Kanalleitung in amorphen Halbleitern aufgeführt. In den Ausführungen über die Anwendung von Versetzungen in Geräten werden u. a. der photoelektrische Frequenzkonverter und der Versetzungs-Feld-Effekt-Transistor erläutert.

Das Werk muß zur Spezialliteratur der Festkörperphysik und Halbleitertechnik gerechnet werden. Es ist allen Wissenschaftlern und Technikern, die auf diesen Gebieten tätig sind, sehr zu empfehlen. Ebenso dürfte es von Studenten höherer Semester mit großem Nutzen gelesen werden.

R. Danz

Infrared and Raman Selection Rules for Molecular and Lattice Vibrations: The Correlation Method. Von *William G. Fateley, Francis R. Dollish, Neil T. McDevitt* und *Freeman R. Bentley.* New York/London/Sydney/Toronto: Wiley-Interscience 1972. VII, 222 S. £ 5,80.

Das Buch befaßt sich mit der Bestimmung der Auswahlregeln für optisch aktive Schwingungen mit Hilfe der Korrelationsmethode, die auf der Beziehung zwischen der Lagegruppe äquivalenter Atome und der Faktorgruppe beruht. Diese Methode ist besonders nützlich bei der Untersuchung der Gitterschwingungen von Kristallen, sie läßt sich aber auch mit Erfolg auf Molekülschwingungen anwenden. Die Autoren beschränken sich auf sehr kurz gehaltene allgemeine Ausführungen über die Grundlagen der Methode und verzichten vollständig auf Ableitungen und Beweise. Stattdessen wird die praktische Anwendung an Hand zahlreicher Beispiele erläutert.

Im ersten Kapitel werden die Korrelation der Lagegruppe zur Faktorgruppe und deren Zusammenhang mit den Auswahlregeln beschrieben. Das zweite Kapitel soll den Leser mit der Aufstellung und dem Gebrauch der im Anhang wiedergegebenen Korrelationstafeln vertraut machen. Im dritten Kapitel wird an einem Beispiel gezeigt, daß das von *Bhagavantum* und *Venkatarayudu* beschriebene aufwendigere

Verfahren zur Ermittlung der Auswahlregeln zum gleichen Ergebnis wie die Korrelationsmethode führt. Das vierte Kapitel enthält Anwendungsbeispiele für Molekülschwingungen. Im fünften Kapitel werden weitere Anwendungen und Spezialfälle behandelt; insbesondere wird auf Kristallschwingungen, Polymere und Schichtstrukturen eingegangen. Der Anhang enthält eine Tabelle der Lagesymmetrien der verschiedenen kristallographischen Raumgruppen, eine Zusammenstellung der Charaktertafeln und die bereits erwähnten Korrelationstafeln.

Die Arbeit mit dem Buch setzt genügende Kenntnisse gruppentheoretischer Methoden und der kristallographischen Symbolik voraus. Vom Rezensenten wurde ein einleitendes Kapitel über die Grundlagen der Korrelationsmethode vermißt, das das Verständnis der Beispiele erleichtern könnte. Die bloße Aneinanderreihung von Beispielen macht das Buch etwas unübersichtlich; so ist nicht immer leicht zu erkennen, ob eine Tabelle sich nur auf ein bestimmtes Beispiel bezieht, oder ob sie weiterreichende Bedeutung hat. Hinzu kommt, daß Kurztitel über den Seiten nicht vollständig vorhanden sind und zum Teil (5. Kapitel) falsch sind. Dadurch wird ein schnelles Nachschlagen in dem Buch erschwert. Trotz der genannten Mängel bildet das Buch eine gute Möglichkeit, sich in die Korrelationsmethode zur Bestimmung der optischen Auswahlregeln einzuarbeiten. Es kann allen, die sich mit den Schwingungen von Festkörpern befassen, sehr empfohlen werden. *J. Dechant*

X-Ray Diffraction by Polymers. Von *Masao Kakudo* und *Nobutami Kasai.* Tokyo: Kodansha Ltd., Amsterdam/London/New York: Elsevier Publ. Comp. 1972. XII, 464 S. Geb. Dfl 125,—.

Der Methode der Röntgenbeugung kommt bei der Bearbeitung strukturchemischer wie auch strukturphysikalischer Aufgabenstellungen unbestritten eine vorrangige Bedeutung zu. Mit der vorliegenden Monographie verfolgen die Verfasser das Ziel, das notwendige Wissen um Prinzip und Anwendung dieser wichtigen Methode in umfassender und zugleich gedrängter Form zu vermitteln. Hierbei stehen Fragen, die mit der Bestimmung der molekularen und übermolekularen Struktur von Polymeren im unmittelbaren Zusammenhang stehen, nachdrücklich im Vordergrund.

Im ersten, mit *Fundamental* überschriebenen Teil des insgesamt in drei Teile gegliederten Buches werden zunächst die Prinzipien der Röntgenbeugung und der systematischen Beschreibung von Kristallstrukturen abgeleitet. Im Anschluß hieran wird auf die theoretische Behandlung gestörter Strukturen insbesondere auch auf der Grundlage des Parakristalls eingegangen und ein genereller Überblick über die bei Hochpolymeren zu erwartenden Strukturen gegeben.

Der zweite Teil *Experimental* ist vorwiegend Fragen der technischen Ausrüstung und meßtechnischen Problemen gewidmet. Ausgehend von einer recht umfassenden Beschreibung der gängigen Röntgenkameratypen und -diffraktometer, werden im Detail die experimentellen Techniken entsprechend der jeweiligen wissenschaftlichen Aufgabenstellung angegeben.

Unter dem Titel *Analytical* wird im letzten, seiner Bedeutung nach zugleich auch umfangreichsten Teil des Buches der schwierige Versuch unternommen, die Vielzahl der bekanntgewordenen Verfahren und Methoden der Auswertung systematisch zu ordnen und auch dem weniger fachlich vorgebildeten Leser verständlich darzulegen. Es werden zunächst die allein auf der Analyse der kristallinen Streukomponente basierenden Methoden beschrieben, i. e. Identifizierung von (polymeren) Kristallstrukturen, Bestimmung der Kristallit-Orientierung und — relativ ausführlich — die Kristallstrukturanalyse von Hochpolymeren. Es folgen die Methoden für die Bestimmung der übermolekularen Struktur auf der Grundlage der komplexen Auswertung des gesamten Streudiagramms inklusive der amorphen Streukomponente und der Berücksichtigung linienverbreiternder Struktureinflüsse.

Abschließend werden sehr kurz gefaßt einige methodische Probleme der Analyse der kontinuierlichen und diskontinuierlichen Röntgenkleinwinkelstreuung von Polymeren im festen Zustand sowie in der Lösung behandelt.

Insgesamt hinterläßt das Buch einen guten Eindruck. Hervorzuheben sind die Verständlichkeit des mit einer Vielzahl erklärender Diagramme und Bildtafeln versehenen Textes, die didaktisch klare Gliederung des umfangreichen gebotenen Stoffs und nicht zuletzt auch die vorbildliche Aufmachung des Buches. Die rund 300 zitierten Originalarbeiten entsprechen dem neueren Stand. Ein ausführliches Sachregister sowie die unvermeidlichen, im Anhang zusammengefaßten Tabellen und Hilfsdiagramme lassen auch eine Verwendung als Nachschlagewerk zu. Die in einem Vorwort von *R. Hosemann* ausgesprochene Empfehlung „... the birth of this book will be a happy event not only for all who are interested in X-ray diffraction by polymers, but also for those interested in new ideas in structural research" kann hier nur noch einmal bekräftigt werden.

M. Teichgräber

Patentschau

Auszug aus der Lieferung 23/24/1972 der Patentschau „Faserstoffe und Textiltechnik", Ausgabe A: Faserstoffe einschl. Kunststoffe und organ. Grundsubstanzen, zusammengestellt von der Abteilung Information und Dokumentation des Instituts für Polymerenchemie der AdW der DDR, 153 Teltow-Seehof, Kantstr. 55

Die Patentschau ist nach der Internationalen Patentklassifikation (IPC) gegliedert. Es bedeuten: DLP = DDR-Patent; DTP = Deutsches Bundespatent; DTA = (West)Deutsche Auslegeschrift; DTO = (West)Deutsche Offenlegungsschrift; OEP = Oesterreichisches Patent; POP = Polnisches Patent; CHP = Schweizer Patent; FRP = Französisches Patent; GBP = Britisches Patent; JAP = Japanisches Patent; SWP = Schwedisches Patent; SUP = Sowjetisches Patent; CSP = Tschechoslowakisches Patent; USP = Amerikanisches Patent; A = Anmeldedatum, O bzw. B. = Tag der Ausgabe der Patent-, Offenlegungs- bzw. Auslegeschrift.

Sektion B, Arbeitsverfahren

B 65, Fördern, Packen, Lagern; Handhaben dünner oder fadenförmiger Werkstoffe

B 65h, Behandeln von dünnem oder fadenförmigem Gut, z. B. Folien, Gewebe, Kabel

CHP 527 113. Verfahren und Einrichtung zur Hubbewegungsumkehr der Fadenführerstange einer Fadenaufwickelvorrichtung. Erf.: *Bernhard Melz.* Inh.: Heberlein & Co. AG, Wattwil. A. 12. 2. 71. Int. Kl.: B 65h 54/28. A.-Z.: 2 127/71.

CHP 527 759. Verfahren und Einrichtung zur Ansteuerung der Hubbegrenzungsvorrichtung des Fadenführers einer Fadenaufwickelvorrichtung. Erf.: *Peter Steyer.* Inh.: Heberlin & Co. AG, Wattwil (CH). A. 24. 2. 71, Int. Kl.: B 65h 54/28. A.-Z.: 2 653/71.

DTO 2 060 245. Verfahren und Vorrichtung zum Aufwickeln von Fäden oder Fadenbündeln. Erf.: *Hans Biener.* Anm.: Farbwerke Hoechst AG vorm. Meister Lucius & Brüning, 6000 Frankfurt (DT). A. 8. 12. 70, B. 15. 6. 72. Kl.: 29a, 6/13, 76c, 30/02, Int. Kl.: B 65h 75/10, D 01h 7/16. A.-Z.: P 20 60 245.

Sektion C. Chemie und Metallurgie

CHEMIE

C 01, Anorganische Chemie

C 01b. Nicht-metallische Elemente, Metalloide und ihre Verbindungen, außer den unter C 01c ausgeführten

GBP 1 284 142. Kohlenstoffaserstoffe und Verfahren zu ihrer Herstellung. Inh.: Great Lakes Carbon Corp. A. 26. 3. 70, B. 2. 8. 72. Kl.: C1.A, Int. Kl.: C 01b 31/07, D 01f 7/06. A.-Z.: 14 809/70. Prior.: 2. 4. 69 (US; A.-Z.: 812 680).

FRP 2 108 472 (B). Verbesserung für die Produktion von Garnen aus Kohlenstoffäden. Erf.: *John Bromley.* Inh.: United Kingdom Atomic Energy Authority. A. 23. 9. 71, B. 23. 6. 72. Int. Kl.: C 01b 31/00. A.-Z.: 7 134 289. Prior.: 23. 9. 70 (GB; A.-Z.: 45 410/70).

C 03. Glas; Mineral- und Schlackenwolle

C 03b. Herstellung, Formgebung und Nachbehandlungsverfahren

DTO 2 054 573. Anorganische Fasern und Verfahren zu ihrer Herstellung. Erf.: *Gerhard Winter, Manfred Mansmann* u. *Hans Zirngibl.* Anm.: Farbenfabriken Bayer AG, 5090 Leverkusen (DT). A. 6. 11. 70, B. 10. 5. 72. Kl.: 29b, 3/15, Int. Kl.: C 03b 37/00. A.-Z.: P 2 054 573. Entspr. FRP 2 112 505.

FRP 2111988 (B). Verfahren und Vorrichtung zur kontinuierlichen Herstellung von Glasfäden. Erf.: *James Melvin Higginbotham.* Inh.: Owens-Corning Fiberglas Corp. A. 20. 8. 69, B. 21. 7. 72. Int. Kl.: C 03b 37/00. A.-Z.: 6928486.

FRP 2112505 (B). Anorganische Faserstoffe und ihre Herstellungsverfahren. Inh.: Farbenfabriken Bayer AG. A. 5. 11. 71, B. 21. 7. 72. Int. Kl.: C 03b 37/00, D 01f 9/00. A.-Z.: 7139825. Prior.: 6. 11. 70 (DT; A.-Z.: P 2054573, DTO 2054573).

SUP 340632 (Urheberschein). Schmelze für die Herstellung von Mineralfaserstoffen. Erf.: *R. V. Vagapova, V. K. Vorob'eva, V. A. Železnov, I. N. Rud' u. M. M. Šket'.* Anm.: Vsesojuznyj naučno-issledovatel'skij i proektnyj Institut „Teploproekt". A. 22. 5. 70, B. 5. 6. 72. Int. Kl.: C 03b 37/00. A.-Z.: 1442732/29—33.

C 07. Organische Chemie

C 07c. Acyclische und carbocyclische Verbindungen

USP 3668235. Verfahren zum Trocknen von bis-β-Hydroxyäthylterephthalat. Erf.: *Yataro Ichikawa, Gentaro Yamashita, Michiyuki Tokashiki* u. *Nobuo Suzuki.* Inh.: Teijin Ltd., Osaka (JA). A. 24. 12. 69, B. 6. 6. 72. Kl.: 260-475 PR, Int. Kl.: C 07c 69/82. 5 Anspr. A.-Z.: 888082.

DTO 2056614. Verfahren zur Herstellung von Acrylsäure. Erf.: *Richard Krabetz, Carl-Heinz Willersinn, Heinz Engelbach, Hermann Wistuba, Ulrich Lebert* u. *Walter Frey.* Anm.: Badische Anilin- & Soda-Fabrik AG, 6700 Ludwigshafen (DT). A. 18. 11. 70, B. 8. 6. 72. Kl.: 12o, 21, Int. Kl.: C 07c 57/04. A.-Z.: P 2056614.

JAP 7202082. Acrylate und Methacrylate. Erf.: *Masayuki Murayama* u. *Koichi Abe.* Inh.: Japan Gas Chemical Co. Inc., A. 22. 7. 69, B. 20. 1. 72. Kl.: C 07c, B 01j.

C 07d. Heterocyclische Verbindungen

DTO 2059703. Verfahren zur Herstellung von Lactamen. Erf.: *Hugo Fuchs, Kurt Kahr, Dieter Lautenbach* u. *Gerd Wunsch.* Anm.: Badische Anilin- & Soda-Fabrik AG, 6700 Ludwigshafen (DT). A. 4. 12. 70, B. 8. 6. 72. Kl.: 12p, 5, Int. Kl.: C 07d 41/06. A.-Z.: P 2059703 (Zus. z. Anm. m. A.-Z.: P 1955559, DTO 1955559).

DTA 1795190. Verfahren zur Herstellung von beta-Lactamen. Erf.: *Dieter Grimm.* Anm.: Farbwerke Hoechst AG vorm. Meister Lucius & Brüning, 6000 Frankfurt (DT). A. 21. 8. 68, B. 31. 5. 72. Kl.: 12p, 5, Int. Kl.: C 07d 25/02. A.-Z.: P 1795190.

CSP 146223. Verfahren zur Reinigung von Lactam. Erf.: *Jozef Střešinka, Jozef Mokrý, František Gregor* u. *Ladislav Koudelka.* A. 27. 12. 68, B. 21. 1. 72. Kl.: 12p, 5, Int. Kl.: C 07d 41/06. A.-Z.: 8811/68. Entspr. DLP 75083.

C 08. Makromolekulare Verbindungen; ihre Herstellung und chemische Verarbeitung; auf diesen Verbindungen beruhende Gemische

C 08f. Polymerisationsprodukte

DLP 91890. Verfahren zur Isolierung eines elastomeren Blockkopolymerisats aus dem Reaktionsgemisch. Erf.: *Bernard Cornelis Roest* u. *Herman Augustinus Johannes Schepers.* Inh.: Stamicarbon N. V. (NL). A. 27. 5. 71, B. 12. 8. 72. Kl.: 39b4, 1/80, Int. Kl.: C 08f 1/80. A.-Z.: AP C 08f/155400. Prior.: 29. 5. 70 (NL; A.-Z.: 7007776). Entspr. DTO 2126779 u. FRP 2093881.

DLP 92122. Verfahren zur Polymerisation von Olefinen. Erf.: *Luigi Reginato, Charles Bienfait* u. *Jacques Stevens.* Inh.: Solvay & Cie. (BE). A. 6. 10. 71, B. 20. 8. 72. Kl.: 39b4, 1/42, Int. Kl.: C 08f 1/42. A.-Z.: AP C 08f/158194. Prior.: 8. 10. 70 (LU; A.-Z.: 61883). Entspr. DRO 2146686 u. FRP 2109880.

OEP 302646. Verfahren zur Herstellung von neuen Polymerisationskatalysatoren. Erf.: *Adolfo Mayr, Umberto Giannini, Ermanno Susa, Paolo Longi, Ettore Giachetti* u. *Domenico Deluca.* Inh.: Montecatini Edison S.p.A., Mailand (IT). A. 20. 3. 70, B. 15. 2. 72. Kl.: 39b, 12, Int. Kl.: C 08f 1/28. A.-Z.: 2617/70. Prior.: 24. 3. 69 (IT; A.-Z.: 14473 A/69). Entspr. DTO 2009136, FRP 2035714, GBP 1275372 u. USP 3637624.

OEP 302648. Verfahren zur Herstellung von neuen Polymerisationskatalysatoren. Erf.: *Adolfo Mayr, Ermanno Susa, Antonio Leccese, Velmori Davoli* u. *Ettore Giachetti.* Inh.: Montecatini Edison S.p.A., Mailand. A. 19. 6. 70, B. 15. 2. 72. Kl.: 39b, 12, Int. Kl.: C 08f 1/28 A.-Z.: 5523/70. Prior.: 20. 6. 69, 27. 6. 69 (IT; A.-Z.: 18462 A/69, 18823 A/69). Entspr. FRP 2052706.

OEP 302649. Verfahren zur Herstellung von neuen Polymerisationskatalysatoren. Erf.: *Umberto Giannini, Paolo Longi, Domenico Deluca* u. *Bruno Pivotto.* Inh.: Montecatini Edison S.p.A., Mailand. A. 23. 6. 70 B. 15. 2. 72. Kl.: 39b, 12, Int. Kl.: C 08f 1/28. A.-Z.: 5643/70. Prior.: 24. 6. 69 (IT; A.-Z.: 18597 A/69). Entspr. FRP 2051213.

OEP 302651. Verfahren zur Herstellung von neuen Katalysatoren zur Polymerisation von Olefinen. Erf.: *Luciano Luciani, Gianni Nava* u. *Giorgio Foschini.* Inh.: Montecatini Edison S.p.A., Mailand. A. 21. 12. 70, B. 15. 2. 72. Kl.: 39b, 12, Int. Kl.: C 08f 1/28. A.-Z.: 11466/70. Prior.: 22. 12. 69 (IT; A.-Z.: 26163 A/69). Entspr. FRP 2074020.

FRP 2108793 (B). Verfahren zur Polymerisation von Vinylchlorid. Inh.: Shinetsu Chemical Co. A. 6. 10. 70, B. 30. 6. 72. Int. Kl.: C 08f 3/00, 1/00, B 01j 11/00. A.-Z.: 7035973.

FRP 2109880 (B). Verfahren zur Polymerisation von Olefinen. Inh.: Solvay & Cie. A. 29. 9. 71, B. 30. 6. 72. Int. Kl.: C 08f 1/00, 3/00, 15/00, B 01j 11/00. A.-Z.: 7135149. Prior.: 8. 10. 70 (LU; A.-Z.: 61838). Entspr. DLP 92122 u. DTO 2146686.

FRP 2109881 (B). Verfahren zur Polymerisation von Olefinen. Inh.: Solvay & Cie. A. 29. 9. 71, B. 30. 6. 72. Int. Kl.: C 08f 1/00, 3/00, B 01j 11/00. A.-Z.: 7135150. Prior.: 6. 10. 70 (LU; A.-Z.: 61816). Entspr. DTO 2146685.

JAP 7200884. Katalysatoren zur Polymerisation von Äthylen. Erf.: *Takamasa Arakawa* u. *Michio Hashimoto.* Inh.: Mitui Petrochemical Industries Ltd. A. 16. 11. 67, B. 11. 1. 72. Int. Kl.: C 08f, B 01j.

JAP 7202849. Strahlungspolymerisation von Äthylen unter Inhibierung der Bildung von Polyäthylen in Wasser. Erf.: *Masaaki Takehisa* u. *Shiro Senrui.* Inh.: Japan Atomic Energy Research Institute. A. 8. 3. 69. B. 26. 1. 72. Int. Kl.: C 08f.

USP 3657210. Verfahren zur Kontrolle der Zuführung des Initiators bei der Hochdruckpolymerisation von Äthylen. Erf.: *Jan H. K. Minkhorst.* Inh.: Stamicarbon N. V., Heerlen (NL). A. 20. 8. 70, B. 18. 4. 72. Kl.: 260-94,9 P, Int. Kl.: C 08f 3/04, 1/60. 4 Anspr. A.-Z.: 65475. Prior.: 25. 8. 69 (NL; A.-Z.: 6912911). Entspr. DTO 2041910 u. FRP 2059204.

USP 3661802. Polymerisationskatalysatoren mit Rheniumoxiden auf Trägermaterial. Erf.: *Phillip E. Nicpon.* Inh.: Standard Oil Co., Chicago Ill. A. 31. 8. 70, B. 9. 5. 72. Kl.: 252-430, Int. Kl.: C 08f 1/52. 7 Anspr. A.-Z.: 68197.

USP 3663632. Verfahren zur Rückgewinnung nicht umgesetzter Monomerer. Erf.: *Kenji Takeya, Mitsutoshi Okazaki* u. *Toshiyuki Kobashi.* Inh.: American Cyanamid Co., Stamford, Conn. A. 13. 5. 70, B. 16. 5. 72. Kl.: 260-654 S, Int. Kl.: C 07c 21/08, 121/32, C 07k 21/06. 8 Anspr. A.-Z.: 36956.

DLP 91725. Verfahren zur Polymerisation von Olefinen. Erf.: *Luigi Reginato, Charles Bienfait* u. *Jacques Stevens.* Inh.: Solvay & Cie., Soc. An. (BE). A. 17. 6. 71, B. 5. 8. 72. Kl.: 39b4, 1/42, Int. Kl.: C 08f 1/42. A.-Z.: AP C 08f/155869. Prior.: 18. 6. 70, 8. 10. 70 (LU; A.-Z.: 61150, 61839). Entspr. DTO 2123357 u. FRP 2109618.

DLP 92124. Verfahren zur Polymerisation von Olefinen. Erf.: *André Delbouille* u. *Jean-Louis Derroitte.* Inh.: Solvay & Cie. (BE). A. 19. 10. 71, B. 20. 8. 72. Kl.: 39b4, 1/42, Int. Kl.: C 08f 1/42. A.-Z.: AP C 08f/158474. Prior.: 20. 10. 70 (LU; A.-Z.: 61899). Entspr. DTO 2146687.

DTO 2158568. Verfahren und Vorrichtung zu der Herstellung von Homo- oder Copolymerisaten von Äthylen. Erf.: *Constant Pierre Marie Sadee, Christianus Wilhelmus Jozef van Koppen* u. *Henricus Aleidus Antonius Koenders.* Anm.: Stamicarbon N. V., Heerlen (NL). A. 25. 11. 71, B. 8. 6. 72. Kl.: 39b4, 3/04, Int. Kl.: C 08f 3/04. A.-Z.: P 2158568. Prior.: 27. 11. 70, 21. 7. 71 (NL; A.-Z.: 7017347, 7110020).

DTA 1770090. Verfahren zur Polymerisation von Vinylchlorid in wäßriger Suspension. Erf.: *Johann Bauer* u. *Joseph Heckmaier.* Anm.: Wacker-Chemie GmbH, 8000 München (DT). A. 29. 3. 68, B. 31. 5. 72. Kl.: 39b4, 3/30, Int. Kl.: C 08f 3/30. A.-Z.: P 1770090. Entspr. FRP 2005051 u. GBP 1198048.

CSP 146182. Verfahren zur Herstellung von Polyvinylchlorid oder seinen Copolymeren. Erf.: *Vladimír Kabíček* u. *Juraj Porubský.* A. 26. 4. 68, B. 21. 1. 72. Kl.: 39c, 25/01, Int. Kl.: C 08f 3/30. A.-Z.: 3088/68.

CSP 146242. Verfahren zur Herstellung von Homopolymeren oder Copolymeren von Methylmethacrylat. Erf.: *Eberhard Borsig, Milan Lazár, Zdeněk Maň, Milan Capla* u. *Mária Mišúthová.* A. 7. 3. 69, B. 21. 1. 72. Kl.: 39c, 25/01, Int. Kl.: C 08f 3/68. A.-Z.: 1696/69.

DLP 91894. Verfahren zur Herstellung von Terpolymerisaten von Äthylen und Vinylchlorid. Erf. u. Inh.: *Helmut Trautman* (DL). A. 23. 9. 71, B. 12. 8. 72. Kl.: 39b4, 15/40, Int. Kl.: C 08f 15/40. A.-Z.: WP C 08f/157914.

FRP 1604980. Kontinuierliches Verfahren zur Herstellung von homogenen statistischen Copolymeren des Äthylens und wenigstens eines anderen α-Olefins sowie erhaltene Copolymere. Erf.: *Clayton Trevor Elston.* Inh.: E. I. du Pont de Nemours and Co. A. 4. 3. 68, B. 4. 8. 72. Int. Kl.: C 08f. A.-Z.: 142247. Prior.: 2. 3. 67 (CA; A.-Z.: 984213). Entspr. DTO 1745308, GBP 1209825 u. USP 3645992.

USP 3657392. Polyäthylenpfropfcopolymere von Homo- und Copolymeren von N-Vinylamiden. Erf.: *Wiley E. Daniels, Nathan D. Field* u. *Leon Katz.* Inh.: General Aniline & Film Corp., New York, N. Y. A. 11. 7. 67, B. 18. 4. 72. Kl.: 260-878R, Int. Kl.: C 08f 15/00. 10 Anspr. A.-Z.: 652432. Entspr. DTO 1770660, CHP 505156 u. FRP 1571641.

FRP 2109104 (B). Copolymere des Acrylnitrils. Inh.: Société des Usines Chimiques Rhône-Poulenc. A. 1. 10. 70, B. 30. 6. 72. Int. Kl.: C 08f 15/00, C 08j 1/00. A.-Z.: 7035526. Entspr. DTO 2149202.

USP 3660364. Elastische Filme, Fäden und andere Gegenstände aus ungesättigten olefinischen Copolymeren. Erf.: *Paolo Longi, Alberto Valvassori, Francesco Greco* u. *Ermanno Bernasconi.* Inh.: Montecatini Edison S.p.A., Mailand (IT). A. 2. 4. 69, B. 2. 5. 72. Kl.: 260-80,78, Int. Kl.: C 08f 15/40, 5/00. 8 Anspr. A.-Z.: 812663.

USP 3660537. Pfropfcopolymere, die Allylmethacrylat und Diäthylaminoäthylmethacrylat enthalten. Erf.: *Michael Fryd* u. *Ying K. Lee.* Inh.: E. I. du Pont de Nemours and Co., Wilmington, Del. A. 28. 1. 70, B. 2. 5. 72. Kl.: 260-885, Int. Kl.: C 08f 15/16, 15/18. 7 Anspr. A.-Z.: 6571. Entspr. DTO 2103814 u. FRP 2077065.

USP 3661827. Verfahren zur Herstellung eines in Wasser dispergierbaren Acrylcopolymeren. Erf.: *David D. Taft.* Inh.: Ashland Oil, Inc., Ashland, Ky. A. 17. 7. 68, B. 9. 5. 72. Kl.: 260-29,6 MN, Int. Kl.: C 08f 19/10, 19/00. 3 Anspr. A.-Z.: 745363.

DLP 91897. Verfahren zur Vernetzung von Vinylchloridpfropfpolymerisaten. Erf. u. Inh.: *Manfred Rätzsch, Harald Friedrich, Hans-Joachim Metzschker* u. *Wolfgang Stark* (DL). A. 21. 4. 71, B. 12. 8. 72. Kl.: 39b4, 27/00, Int. Kl.: C 08f 27/00. A.-Z.: WP C 08f/154388.

CHP 526596. Verfahren zur Herstellung von N-substituierte Acrylsäure- und/oder Methacrylsäureamide enthaltenden Polymerisaten. Erf.: *Theodor Völker* u. *Hanspeter Hugener.* Inh.: Lonza AG, Gampel/Wallis (Geschäftsleitung Basel) (CH). A. 14. 7. 70. Int. Kl.: C 08f 27/08. A.-Z.: 10652/70. Entspr. DTO 2134717 u. FRP 2098394.

DTO 2100649. Polytetrafluoräthylenemulsionen und Verfahren zu deren Herstellung. Erf.: *Dario Sianesi, Giancarlo Bernardi* u. *Gianfranco Veroli.* Anm.: Montecatini Edison S.p.A., Mailand (IT). A. 8. 1. 71, B. 22. 6. 72. Kl.: 39b4, 29/16, Int. Kl.: C 08f 29/16. A.-Z.: P 2100649. Prior.: 9. 1. 70 (IT; A.-Z.: 19183 A/70). Entspr. FRP 2075330.

SUP 341807 (Urheberschein). Verfahren zur Herstellung eines antistatischen Polyäthylens. Erf.: *V. M. Djakin, L. V. Širjaeva, I. A. Suvorova, Š. L. Lel'čuk* u. *P. P. Novožilov.* A. 25. 7. 69, B. 14. 6. 72. Int. Kl.: C 08f 29/04, 45/00. A.-Z.: 1352506/23—5.

USP 3663649. Thermoplastische, olefinische Siloxan-Äthylenpolymer-Blockcopolymere. Erf.: *Marshall L. Wheeler jr.* Inh.: Union Carbide Corp., New York, N. Y. A. 1. 6. 70, B. 16. 5. 72. Kl.: 260-827, Int. Kl.: C 08g 47/10, C 08f 29/10. 10 Anspr. A.-Z.: 42494 (Zus. z. Pat. m. A.-Z.: 422037. A. 29. 12. 64; u. Pat. m. A.-Z.: 356944. A. 2. 4. 64). Entspr. FRP 1435288.

USP 3663663. Kompositionen aus Polyolefin- und Äthylen-Ester-Copolymer-Gemischen. Erf.: *Richard Bernie McAda.* Inh.: Dow Chemical Co., Midland, Mich. A. 13. 9. 68, B. 16. 5. 72. Kl.: 260-897 B, Int. Kl.: C 08f 29/12. 9 Anspr. A.-Z.: 759763. Entspr. DTO 1945417 u. FRP 2018048.

USP 3660533. Flammfeste Blockcopolymere. Erf.: *William O. Drake* u. *Donnie G. Brady.* Inh.: Phillips Petroleum Co. A. 29. 7. 70, B. 2. 5. 72. Kl.: 260-878 B, Int. Kl.: C 08f 37/00, 45/00. 6 Anspr. A.-Z.: 59347. Entspr. DTO 2137509 u. FRP 2103783.

SUP 341243 (Urheberschein). Antistatische Mischung auf der Basis eines thermoplastischen Polymeren. Erf.: *Masamoto Ito, Sojao Moriguči, Jundzi Jocujanagi* u. *Masao Mijamoto.* Anm.: Showa Denko Kabushiki Kaisha (JA). A. 5. 5. 70, B. 5. 6. 72. Int. Kl.: C 08f 45/44. A.-Z.: 1433967/23—5.

SUP 341810 (Urheberschein). Stabilisierte Polymermischung auf der Basis von Polyäthylen. Erf.: *T. P. Višnjakova, Ja. M. Pauškin, V. G. Šeršun* u. *A. N. Sokolov*. Anm.: Moskovskij Ordena Trudovogo Krasnogo Znameni Institut neftechimičeskoj i gazovoj Promyšlennosti Im. I. M. Gubkina. A. 2. 7. 70, B. 14. 6. 72. Int. Kl.: C 08f 45/62. A.-Z.: 1457863/23 – 5.

USP 3661877. Polymere Kompositionen und Verfahren zur Herstellung. Erf.: *Allen C. Bluestein* u. *Richard F. Grossman*. Inh.: Reichhold Chemicals, Inc., White Plains, N. Y. A. 21. 5. 70, B. 9. 5. 72. Kl.: 260-86,7, Int. Kl.: C 08f 15/04, 27/00, 45/02. 15 Anspr. A.-Z.: 39563.

USP 3668163. Fluorierte Öle und wasserabweisende Agentien enthaltende Emulsionen von Wasser in halogenierten Lösungsmitteln. Erf.: *Theodore Clyde Rapp*. Inh.: E. I. du Pont de Nemours and Co., Wilmington, Del. A. 5. 8. 69, B. 6. 6. 72. Kl.: 260-28,5 D, Int. Kl.: C 08f 45/52, 45/30, D 06m 11/00. 10 Anspr. A.-Z.: 847737.

C 08g. Polykondensations- und Polyadditionsprodukte

DTO 2054903. Verfahren zur Herstellung von Polyestern durch Polymerisation von epsilan-Caprolactonen. Erf.: *Christian Burba* u. *Eugen Griebsch*. Anm.: Schering AG, 1000 Berlin und 4619 Bergkamen (DT). A. 7. 11. 70, B. 10. 5. 72. Kl.: 39b5, 17/017, Int. Kl.: C 08g 17/017. A.-Z.: P 2054903 (Zus. z. Anm. m. A.-Z.: P 2009885, DTO 2009885, S. 326/72). A.-Z.: P 2009885 entspr. FRP 2080781.

SUP 341813 (Urheberschein). Verfahren zur Herstellung von polymerisationsfähigen phosphorhaltigen Oligomeren. Erf.: *L. N. Mašljakovskij, T. A. Zagudaeva, M. A. Bratter, G. G. Berezina* u. *I. S. Ochrimenko*. Anm.: Leningradskij technologičeskij Institut Im. Lensoveta. A. 15. 6. 70, B. 14. 6. 72. Int. Kl.: C 08g 17/133. A.-Z.: 1451252/23 – 5.

USP 3661858. Verminderung von Polyesterreaktorablagerung. Erf.: *Clyde E. Gleim* u. *James A. Mally*. Inh.: The Goodyear Tire & Rubber Co., Akron, Ohio. A. 2. 10. 69, B. 9. 5. 72. Kl.: 260 – 75 R, Int. Kl.: C 08g 17/013. 12 Anspr. A.-Z.: 863341. Entspr. DTO 2048985 u. FRP 2064097.

DTO 2060701. Glasklare Polyamide. Erf.: *Ludwig Brinkmann*. Anm.: Farbwerke Hoechst AG vorm. Meister Lucius & Brüning, 6000 Frankfurt. A. 10. 12. 70, B. 22. 6. 72. Kl.: 39b5, 20/20, Int. Kl.: C 08g 20/20. A.-Z.: P 2060701.

DTO 2156074. Polymerisate und ihre Verwendung als Stabilisatoren in makromolekularen Verbindungen. Erf.: *Jacob Ackermann* u. *Pierino Radici*. Anm.: Societa Italiana Resine S.p.A., Mailand (IT). A. 11. 11. 71, B. 18. 5. 72. Kl.: 39b5, 20/38, Int. Kl.: C 08g 20/38. A.-Z.: P 2156074. Prior.: 12. 11. 70 (IT; A.-Z.: 31633 A/70).

SUP 340668 (Urheberschein). Verfahren zur Herstellung von Derivaten des Polyvinylpyrrolidons. Erf.: *R. G. Mirskov, O. S. Iščenko, V. I. Skorobogatova* u. *I. M. Korotaeva*. Anm.: Irkutskij Institut organičeskoj Chimii Sibirskogo Otdelenija AN SSSR. A. 8. 7. 70, B. 5. 6. 72. Int. Kl.: C 08f 27/04. A.-Z.: 1453912/23 – 5.

JAP 7142383. Linearer Polyspiroacetalharnstoff. Erf.: *Toshiaki Hairida, Nobuo Tobita* u. *Eiichiro Takiyama*. Inh.: Riken Synthetic Resin Co., Ltd. A. 13. 10. 69, B. 15. 12. 71. Int. Kl.: C 08g.

CSP 145885. Verfahren zur Herstellung von Urethanölen. Erf.: *Karel Hájek, Zdeněk Ditrych, Jan Lysý* u. *Jiri Stanek*. A. 29. 7. 69, B. 31. 12. 71. Kl.: 39c, 6, Int. Kl.: C 08g 22/04. A.-Z.: 5257/69.

USP 3666727. Polymere von halogenhaltigen N-Alkenylcarbamaten. Erf.: *Richard J. Dolinski, Robert M. Nowak* u. *George A. Burk*. Inh.: The Dow Chemical Co., Midland, Mich. A. 22. 6. 70, B. 30. 5. 72. Kl.: 260-77,5 BB, Int. Kl.: C 08g 22/04. 14 Anspr. A.-Z.: 48485

USP 3660315. Verfahren zur Herstellung von fluorhaltigen Polymeren. Erf.: *James T. Hill* u. *Michael E. Garabedian*. Inh.: E. I. du Pont de Nemours and Co., Wilmington, Del. A. 22. 9. 70, B. 2. 5. 72. Kl.: 260-2 A, Int. Kl.: C 08g 23/14, 23/20. 10 Anspr. A.-Z.: 74527. Entspr. FRP 2107865.

DTO 2058126. Thermoplastische Formmassen auf Polyoxymethylenbasis. Erf.: *Karlheinz Burg, Ludwig Brinkmann* u. *Ernst Wolters*. Anm.: Farbwerke Hoechst AG vorm. Meister Lucius & Brüning, 6000 Frankfurt/M. (DT). A. 26. 11. 70, B. 31. 5. 72. Kl.: 39b5, 37/04, Int. Kl.: C 08g 37/04 A.-Z.: P 2058126 (Zus. z. Anm. m. A.-Z.: P 1940132, DTO 1940132. Vgl. auch DTO 2058127 u. DTO 2058128. Entspr. OEP 295851 u. FRP 2057038.

JAP 7117585. Wärmebeständige Polyesterkompositionen. Erf.: *Yoen Ichikawa, Masana Yanaga* u. *Masayuki Ohsugi*. Inh.: Toray Industries, Inc. A. 5. 4. 67, B. 15. 5. 71. Int. Kl.: C 08g k. A.-Z.: 6721375. Entspr. DTO 1645525, GBP 1203603 u. USP 3491057.

USP 3660341. Wärmebeständige Polyurethanlösungen. Erf.: *Kornelius Dinbergs*. Inh.: The B. F. Goodrich Co., New York, N. Y. A. 3. 11. 69, B. 2. 5. 72. Kl.: 260-32,6 N, Int. Kl.: C 08g 51/44, 51/58. 5 Anspr.A.-Z.: 873514. Entspr. DTO 2053835 u. FRP 2070710.

C 08k. Zusatzstoffe für allgemeine Anwendung.

CHP 526611. Verfahren zur antistatischen Ausrüstung von polymeren Stoffen. Erf.: *Richard Hochreuter*. Inh.: Sandoz AG, Basel (CH). A. 2. 6. 70. Int. Kl.: C 08j 1/32. A.-Z.: 8227/70. Entspr. DTO 2124874 u. FRP 2095808.

CHP 527873. Verwendung von 4-Hydroxybenzoesäurearylestern als Lichtschutzmittel. Erf.: *Hanns Lind*. Inh.: Ciba-Geigy AG, Basel (CH). A. 26. 8. 70. Int. Kl.: C 08k 1/36. A.-Z.: 12750/70. Entspr. FRP 2106095.

USP 3657179. Feuerhemmende Antimonkompositionen. Erf.: *Paul C. Yates*. Inh.: E. I. du Pont de Nemours & Co., Wilmington, Del. A. 30. 11. 70, B. 18. 4. 72. Kl.: 260-30,8 DS, Int. Kl.: C 08k 1/34. 21 Anspr. A.-Z.: 93863.

Sektion D. Textilien und Papier

TEXTILIEN

D 01. Natürliche und künstliche Fäden und Fasern; Spinnen

D 01d. Mechanische Verfahren und Vorrichtungen für die Herstellung von künstlichen Fäden, Gespinsten, Fasern, Borsten oder Bändern

DTO 2040802. Spinnmaschine zur Herstellung synthetischer Verbundfäden mit inselartigem Aufbau. Erf.: *Miyoshi Takatsuki Okamoto, Keiichi Ashida, Koji Watanabe, Shinzo Taniguchi* u. *Shiga Otsu*. Anm.: Toray Industries, Inc., Tokio (JA). A. 17. 8. 70, B. 2. 3. 72. Kl.: 29a, 6/10. Int. Kl.: D 01d 3/00. A.-Z.: P 2040802.

CHP 527920. Vorrichtung zur Herstellung von schmelzgesponnenen Fasern. Erf.: *Hermann Balk*. Inh.: Reifenhäuser KG, Frankfurterstr. 46 – 48, Troisdorf (DT). A. 19. 1. 72. Int. Kl.: D 01d 3/00. A.-Z.: 755/72. Prior.: 19. 3. 71 (DT; A.-Z.: P 2113327).

GBP 1285261. Spinndüse. Inh.: Glanzstoff AG. A. 3. 4. 70, B. 16. 8. 72. Kl.: B5.B, Int. Kl.: D 01d 3/00. A.-Z.: 15823/70. Prior.: 5. 4. 69 (DT; A.-Z.: G 691381).

DTO 1760467. Technischer Draht aus thermoplastischem Kunststoff. Erf.: *Günter Röhlig*. Anm.: Barmag Barmer Maschinenfabrik AG, 5600 Wuppertal (DT). A. 22. 5. 68, B. 8. 6. 72. Kl.: 29a, 6/04, Int. Kl.: D 01d 5/24 A.-Z.: P 1760467. Entspr. GBP 1211510.

DTO 2054609. Vorrichtung zur Herstellung von Dick-Dünn-Garnen. Erf.: *Hartmut Pauls*. Anm.: Deutsche Rhodiaceta AG, 7800 Freiburg (DT). A. 6. 11. 70, B. 10. 5. 72. Kl.: 29a, 6/06, 76c, 31, Int. Kl.: D 01d 5/20, D 02g 3/34. A.-Z.: P 2054609.

CHP 526643. Unveredeltes Verbund-Filament vom Insel-in-See-Typ mit hohem Pilling-Widerstand. Erf.: *Miyoshi Okamoto, Koji Watanabe, Yasuhiko Nukushina, Masayuki Togo, Satoshi Masuda, Shinya Ito, Yosiaki Miyachi* u. *Toshio Kume*. Inh.: Toray Industries Inc., 2, Nihonbashi Muromachi 2-chome, Chuoku, Tokio (JA). A. 13. 1. 71. Int. Kl.: D 01d 5/28. A.-Z.: 474/71.

FRP 2114184 (A). Neues Verfahren zur Herstellung glänzender Faserstoffe auf der Grundlage von Polyamiden sowie danach erhaltene Faserstoffe. Erf.: *Francois Buisson* u. *Jean-Paul Grestau*. Inh.: Rhodiaceta. A. 17. 11. 70, B. 4. 8. 72. Int. Kl.: D 01d 5/00, C 08g 53/00, D 01f 7/00. A.-Z.: 7041462 (Zus. z. Anm. m. A.-Z.: 7005024. A. 12. 2. 70, FRP 2079785. Entspr. DLP 87887, DTO 2106704 u. CHP 519595.

JAP 7115124. Gekräuselte synthetische Verbundfaserstoffe. Erf.: *Sekizo Takasaka, Hideo Tanaka* u. *Tatsujiro Mori*. Inh.: Mitsubishi Rayon Co. Ltd. A. 27. 12. 67, B. 23. 4. 71. Int. Kl.: D 01d. A.-Z.: 6783441.

JAP 7118808. Gekräuselte Polyamidfaserstoffe. Erf.: *Yasuo Takaki* u. *Tomiso Higuchi*. Inh.: Toray Industries, Ind. A. 18. 12. 67, B. 26. 5. 71. Int. Kl.: D 01d. A.-Z.: 6780570.

JAP 7120350. Faservliese aus synthetischen Polymeren. Erf.: *Masahira Yoshimura*. Inh.: Toyo Spinning Co. Ltd. A. 20. 11. 68, B. 8. 6. 71. Int. Kl.: D 04h, B 32b, B 29d. A.-*K*.: 6885431.

USP 3662440. Verfahren zum Steuern der Garnspannung und der Fadenfestigkeit während der bei hoher Geschwindigkeit erfolgenden Wärmebehandlung des Garns. Erf.: *William Green Hill* u. *Whorley William Maxey*. Inh.: E. I. du Pont de Nemours and Co., Wilmington, Del. A. 17. 8. 70, B. 16. 5. 72. Kl.: 28-72,17, Int. Kl.: D 01d 5/22, B 29c 25/00. 9 Anspr. A.-Z.: 64219. Entspr. DTO 2141232.

DTO 2057391. Mittels durchströmender Flüssigkeit beheizte Walze. Erf.: *Ernst Bauch*. Anm.: Neumünstersche Maschinen- und Apparatebau GmbH, 2350 Neumünster (DT). A. 21. 11. 70, B. 15. 6. 72. Kl.: 29a, 6/31, Int. Kl.: D 01d 13/02. A.-Z.: P 2057391.

SUP 340714 (Urheberschein). Transportable Vorrichtung zum Einziehen des Fadens. Erf.: *V. A. Kezlja, A. A. Truchan, V. A. Pirogov* u. *A. M. Kovalev*. Anm.: Vsesojužnyj naučno-issledovatel'skij Institut Mašin dlja Proizvodstva sintetičeskich Volokon. A. 14. 12. 70, B. 5. 6. 72. Int. Kl.: D 01d 7/00. A.-Z.: 1600977/28 – 12.

D 01f. Chemische Gesichtspunkte bei der Herstellung von künstlichen Fäden, Gespinsten, Fasern, Borsten oder Bändern

JAP 7118289. Licht- und wärmebeständige Polyamidfaserstoffe. Erf.: *Hakuro Kimura, Akio Furushimo, Tei Taniguchi* u. *Kazunari Kudo*. Inh.: Yunichika Co. Ltd. A. 17. 3. 67, B. 21. 5. 71. Int. Kl.: C 08g, k, D 01f. A.-Z.: 6716672.

CSP 145877. Verfahren zum Färben von linearen synthetischen Polyamiden und Polyestern in Masse. Erf.: *Koloman Ondrejmiška, Ján Koreň, Milan Benický* u. *Milan Breza*. A. 26. 6. 69, B. 31. 12. 71. Kl.: 29b, 3/60, Int. Kl.: D 01f 1/04. A.-Z.: 4513/69.

DTO 2154456. Konjugierte Fasern und Fäden mit verbesserten Eigenschaften und Verfahren zu deren Herstellung. Erf.: *Luigi Ciceri, Renato Crosta* u. *Giorgio Della Fortuna*. Anm.: Snam Progetti S.p.A., Mailand (IT). A. 2. 11. 71, B. 10. 5. 72. Kl.: 29b, 3/60, Int. Kl.: D 01f 7/04. A.-Z.: P 2154456. Prior.: 2. 11. 70 (IT; A.-Z.: 31262 A/70). Entspr. FRP 2113385.

FRP 2113384 (B). Konjugierte Fasern und Fäden verbesserter Qualität und ihr Herstellungsverfahren. Erf.: *Giorgio Della Fortuna* u. *Luigi Ciceri*. Inh.: Snam Progetti S.p.A. A. 29. 10. 71, B. 28. 7. 72. Int. Kl.: D 01f 7/00. A.-Z.: 7138931. Prior.: 2. 11. 70 (IT; A.-Z.: 31263 A/70). Entspr. DLP 91877 u. DTO 2154463.

FRP 2113385 (B). Konjugierte Fasern und Fäden mit verbesserten Eigenschaften und ihr Herstellungsverfahren. Erf.: *Luigi Ciceri, Renato Crosta* u. *Giorgio Della Fortuna*. Inh.: Snam Progetti S.p.A. A. 29. 10. 71, B. 28. 7. 72. Int. Kl.: D 01f 7/00, D 01d 5/00. A.-Z.: 7138932. Prior.: 2. 11. 70 (IT; A.-Z.: 31262 A/70). Entspr. DTO 2154456.

JAP 7116285. Anfärbbarer Polypropylenfaserstoff. Erf.: *Takao Ohseki, Kazuo Ito* u. *Masahiko Watanabe*. Inh.: Mitsubishi Rayon Co. Ltd. A. 30. 10. 67, B. 4. 5. 71. Int. Kl.: D 01d, f, g, C 08f. A.-Z.: 6769365.

JAP 7117299. Polypivalolactonfaserstoffe. Erf.: *Toru Kitazawa* u. *Hiroshi Maeta*. Inh.: Kanegafuchi Spinning Co. Ltd. A. 2. 5. 66, B. 13. 5. 71. Int. Kl.: D 01f. A.-Z.: 6628082. Entspr. DTO 1660437 u. GBP 1174711.

JAP 7119733. Acrylnitrilfaserkabel. Erf.: *Toshio Ohfuka Hideo Sato* u. *Kazunori Sagara*. Inh.: Asahi Chemical Industry Co. Ltd. A. 26. 6. 68, B. 2. 6. 71. Int. Kl.: D 01f. A.-Z.: 6843915.

CSP 145895. Verfahren zur Erzeugung von Fäden, Monofil, Stapelfasern und anderen geformten Erzeugnissen aus linearen isotaktischen Polyolefinen mit verbesserter Oberflächenanfärbbarkeit. Erf.: *Koloman Ondrejmiška, Milan Breza, Milan Benický* u. *Ján Koreň*. A. 19. 8. 69, B. 31. 12. 71. Kl.: 29b, 3/60, Int. Kl.: D 01f 7/04. A.-Z.: 5710/69.

CSP 146329. Verfahren zur Modifizierung von faserbildenden Polymeren zwecks Verbesserung ihrer Oberflächenanfärbbarkeit durch Zusatz eines Modifikators auf der Basis von Nickelstearat. Erf.: *Koloman Ondrejmiška, Milan Benický, Ján Koreň, Milan Breza* u. *Ján Všiansky*. A. 19. 6. 70, B. 21. 1. 72. Kl.: 29b, 3/60, Int. Kl.: D 01f 7/04. A.-Z.: 4274/70.

D 02. Garne; mechanische Veredlung von Garnen oder Seilen; Schären oder Bäumen

D 02g. Kräuseln oder Krimpfen (Texturieren) von Fasern, Fäden, Zwirnen oder Garnen; Garne oder Zwirne

DTO 1660534. Vorrichtung zur Herstellung von Kräuselgarn. Erf.: *Karl-Heinz Breitenbach*. Anm.: SKF Kugellagerfabriken GmbH, 8720 Schweinfurt (DT). A. 6. 7. 66, B. 25. 5. 72. Kl.: 29a, 6/20, Int. Kl.: D 02g 1/02. A.-Z.: P 1660534 (S 104644). Entspr. CHP 452102 u. FRP 1530820.

DTO 2049413. Verfahren und Vorrichtung zur Herstellung eines elastischen Kräuselgarnes aus synthetischen Endlosfäden mit niedrigem, irreversiblem Schrumpf. Erf.: *Karl-August Heinroth, Hans-Dieter Jurischka* u. *Hans Bach*. Anm.: Farbenfabriken Bayer AG, 5090 Leverkusen (DT). A. 8. 10. 70, B. 13. 4. 72. Kl.: 29a, 6/20, Int. Kl.: D 02g 1/00. A.-Z.: P 2049413. Entspr. FRP 2110313.

DTO 2054194. Falschdrahtvorrichtung zur Herstellung von synthetischem Kräuselgarn. Erf.: *Karl-August Heinroth, Hans Kaloff, Hans-Dieter Jurischka* u. *Hans Bach*. Anm.: Farbenfabriken Bayer AG, 5090 Leverkusen (DT). A. 4. 11. 70, B. 10. 5. 72. Kl.: 29a, 6/20, Int. Kl.: D 02g 1/20, D 01d 13/02. A.-Z.: P 2054194. Entspr. FRP 2113585.

DTO 2055568. Verfahren und Vorrichtung zur Kräuselung von Textilfäden. Erf. u. Anm.: *Peter Gschaider*, 6233 Kelkheim (DT). A. 12. 11. 70, B. 25. 5. 72. Kl.: 29a, 6/20, Int. Kl.: D 02g 1/02. A.-Z.: P 2055568. Entspr. FRP 2114589.

DTO 2062362. Verfahren und Vorrichtung zur Herstellung von synthetischen, hochelastischen Kräuselgarnen. Erf.: *Karl-August Heinroth, Helmut Ohse, Hans Bach, Hans-Dieter Jurischka* u. *Günter Roßdeutscher*. Anm.: Farbenfabriken Bayer AG, 5090 Leverkusen (DT). A. 18. 12. 70, B. 22. 6. 72. Kl.: 29a, 6/20, Int. Kl.: D 02g 1/20. A.-Z.: P 2062362. Entspr. CHP 522756.

DTO 2062877. Vorrichtung zum Kräuseln von synthetischen Fadenscharen. Erf. nciht genannt. Anm.: Vepa AG, Basel (CH). A. 21. 12. 70, B. 29. 6. 72. Kl.: 29a, 6/20, Int. Kl.: D 02g 1/12. A.-Z.: P 2062877 (Zus. z. Anm. m. A.-Z.: P 2053269, DTO 2053269). Entspr. DLP 91122.

CHP 527297. Texturiervorrichtung. Erf.: *Harold Dean Yarber*. Inh.: J. P. Stevens & Co., Inc., 1185 Avenue of the Americas, New York (US). A. 26. 1. 71. Int. Kl.: D 02g 1/14. A.-Z.: 1135/71.

FRP 2114216 (B). Phantasieeffektfaden sowie Verfahren zu seiner Erzeugung. Erf.: *Alexandre Boutonnet, Georges Clavelet* u. *Gilbert Morieras*. Inh.: Société Rhodiaceta. A. 18. 11. 70, B. 4. 8. 72. Int. Kl.: D 02g 1/00. A.-Z.: 7041663. Entspr. DTO 2157327.

SUP 341885 (Urheberschein). Verfahren zur Herstellung eines Hochbauschfadens. Erf.: *N. A. Bojko, L. S. Smirnov, Ja. G. Šindel', M. P. Nosov, K. E. Fišman, A. K. Stavcov, V. D. Tichomirov, N. A. Povčinnik, G. I. Rukavcev, M. S. Spektor, L. P. Kaller, I. K. Rabinovič* u. *A. I. Zazovskij*. Anm.: Naučno-issledovetel'skij Institut po Pererabotke iskusstvennych i sintetičeskich Volokon. A. 2. 2. 71, B. 14. 6. 72. Int. Kl.: D 02g 1/12. A.-Z.: 1617923/28 – 12.

USP 3665567. Texturiervorrichtung auf der Basis des Garnrückprallprinzips und ein Verfahren. Erf.: *Robert J. Clarkson*. Inh.: Uniroyal Inc., New York, N. Y. A. 23. 4. 70, B. 30. 5. 72. Kl.: 28-1,4, Int. Kl.: D 02g 1/16. 40 Anspr. A.-Z.: 31206.

USP 3667209. Verfahren zum Falschzwirnen von Multifilfäden. Erf.: *Bobby Ray Fain*. Inh.: Alamance Industries, Inc., Burlington, N. C. A. 16. 10. 70, B. 6. 6. 72. Kl.: 57-157 TS, Int. Kl.: D 02g 1/02. 6 Anspr. A.-Z.: 81205.

DLP 91876. Linienförmiges textiles Gebilde. Erf. u. Inh.: *Rolf Arnold, Helmut Eberhardt* u. *Anna-Maria Baril*. A. 23. 7. 71, B. 12. 8. 72. Kl.: 29a, 6/30, Int. Kl.: D 02g 3/36. A.-Z.: WP D 02g/156682.

GBP 1284518. Steifes Garn. Inh.: Henschke & Co. Hansel-Rosshaar KG. A. 10. 4. 71, B. 9. 8. 72. Kl.: D1.W, Int. Kl.: D 02g 3/28, 3/14. A.-Z.: 26847/71. Prior.: 10. 4. 70, 8. 1. 71. (DT; A.-Z.: P 2017103, P 2100751).

SUP 342365 (Urheberschein). Einstufenverfahren zur Herstellung eines gezwirnten Verbundfadens. Erf.: *Chel'mut Rojter, Chorst Zacher, Marja Štajnchauzer* u. *Chajnc Zil'bermann* (DL). Anm.: VVB Baumwolle WTZ Baumwollspinnerei (DL). A. 5. 11. 68, B. 14. 6. 72. Int. Kl.: D 02g 3/00. A.-Z. 1284776/29 – 12.

D 02j. Veredeln oder Ausrüsten von Fäden, Garnen, Zwirnen, Schnüren, Seilen od. dgl.

DTO 2154770. Reckwerk für Kunstfasern. Erf.: *Antonio Lorenzo Garcia* u. *Carlos Soriano Mestre*. Anm.: Antonio Lorenzo Garcia, Madrid (ES). A. 4. 11. 71, B. 10. 5. 72. Kl.: 29a, 6/06, Int. Kl.: D 02j 1/22. A.-Z.: P 2154770. Prior.: 6. 11. 70 (ES; A.-Z.: 385298).

GBP 1285232. Verfahren zur Herstellung von Garnen. Inh.: English Sewing Ltd. A. 19. 4. 71, B. 16. 8. 72. Kl.: D1.F, Int. Kl.: D 02j 1/02, D 02g 3/28, 3/34, 3/46. A.-Z.: 5977/70. Entspr. CHP 515356 u. FRP 2078213.

JAP 7118810. Recken von Polyesterfaserstoffen. Erf.: *Nobuharu Izawa*. Inh. Teijin Ltd. A. 1. 8. 67, B. 26. 5. 71. Int. Kl.: D 01d, f, A.-Z.: 6749407.

JAP 7119729. Recken von Polyesterfaserstoffen. Erf.: *Katsuaki Tokuhiro* u. *Hideo Kato*. Inh.: Teijin Ltd. A. 26. 9. 68, B. 2. 6. 71. Int. Kl.: D 01d. A.-Z.: 6869733.

DTO 2055570. Fadenanlegevorrichtung. Erf.: *Thomas Zang* u. *Alfons Leeb*. Anm.: Glanzstoff AG, 5600 Wuppertal (DT). A. 12. 11. 70, B. 18. 5. 72. Kl.: 29a, 6/20, Int. Kl.: D 02g 13/02 (Drf). A.-Z.: P 2055570.

PAPIER

D 21. Papierherstellung; Gewinnung von Cellulose bzw. Zellstoff

D 21c. Gewinnung von Cellulose durch Abscheiden nichtcelluloseartiger Substanzen von cellulosehaltigen Stoffen; Wiedergewinnung der Zellstoffablaugen; Vorrichtungen dafür

USP 3663358. Ein Verfahren zur Erhöhung der Ausbeute an Bisulfitzellstoff durch Behandlung von Lignocellulosematerial mit Cyanidionen bei einem pH von 7 bis 12 vor dem Aufschluß. Erf.: *Sten I. Falkehag, Alan M. Bills* u. *Harold L. Hintz*. Inh.: Westvaco Corp., New York, N. Y. A. 29. 4. 70, B. 16. 5. 72. Kl.: 162-70, Int. Kl.: D 21c 1/04, 3/06. 6 Anspr. A.-Z.: 33044.

SUP 340728 (Urheberschein). Verfahren zur Herstellung von Zellstoff, Halbzellstoff und chemischen Holzschliff aus pflanzlichem Rohmaterial. Erf.: *V. P. Kovalev*, Anm.: Ukrainskoj naučno-issledovatel'skij Institut celljulozno-bumažnoj Promyšlennosti. A. 8. 12. 68, B. 5. 6. 72. Int. Kl.: D 21c 3/02. A.-Z.: 1288239/23 – 4.

USP 3657065. Entlignifizieren und Bleichen von Zellstoff mit gasförmigem Sauerstoff in alkalischem Medium in Gegenwart eines Schutzmittels. Erf.: *Leon Smith, David W. Calvert, Andre Robert* u. *Andre Viallet*. Inh.: South African Pulp and Paper Industries Ltd.; u. L'Air Liquide Soc. An. pour l'Etude et l'Exploitation des Procédés Georges Claude. A. 11. 6. 69, B. 18. 4. 72. Kl.: 162-65, Int. Kl.: D 21c 9/10. 10 Anspr. A.-Z.: 832477. Prior.: 13. 6. 68 (ZA; A.-Z.: 68/3771). Entspr. FRP 2010827.

Sektion G. Physik

G 01. Messen; Prüfen

G 01n. Untersuchen der chemischen oder physikalischen Eigenschaften von Stoffen

USP 3667288. Festigkeitsprüfmaschine. Erf. u. Inh.: *John E. Hargreaves*, 188 Woodbine Terrace, Spartanburg, S. C. A. 2. 3. 70, B. 6. 6. 72. Kl.: 73-98, Int. Kl.: G 01n 3/14, 3/10. 13 Anspr. A.-Z.: 15367.

SUP 342108 (Urheberschein). Verfahren zur Bestimmung der Viskosität des Polymeren während der Polymerisation in organischen Lösungsmitteln unter Anwendung metallorganischer Katalysatoren. Erf.: *I. V. Garmonov, A. S. Livšicin, N. G. Pavlov, A. B. Pavlov, I. M. Sapožnikov* u. *A. S. Estrin*. A. 12. 10. 70, B. 14. 6. 72. Int. Kl.: G 01n 11/00. A.-Z.: 1483523/23 – 5.

USP 3660550. Recken eines thermoplastischen, synthetischen, linearen polymeren Fadens und Lokalisieren der Einschnürung des Fadens. Erf.: *Hendrinus Sempel*. Inh.: Akzona Inc., Asheville, N. C. A. 7. 10. 69, B. 2. 5. 72. Kl.: 264-40, Int. Kl.: B 29c 17/02, B 29d 23/13, G 01k 13/06, G 01n 25/00. 3 Anspr. A.-Z.: 864453. Prior.: 8. 10. 68 (NL; A.-Z.: 6814351). Entspr. DTO 1950744 u. CHP 497550.

SUP 340962 (Urheberschein). Verfahren zur Bestimmung der relativen Molekülmasse von Verbindungen mit Hydroxylendgruppen. Erf.: *L. S. Kalinina* u. *M. A. Motorina*. A. 4. 2. 69, B. 5. 6. 72. Int. Kl.: G 01n 31/00, 21/22. A.-Z.: 1302962/23 – 5.

SUP 342126 (Urheberschein). Verfahren zur Herstellung einer engen niedermolekularen Polyvinylpyrrolidonfraktion. Erf.: *V. V. Suzdaleva, P. S. Vasil'ev* u. *A. A. Kiseleva*. A. 29. 4. 70, B. 14. 6. 72. Int. Kl.: G 01n 31/02, G 08f 47/03. A.-Z.: 1434511/23 – 5.

DLP 92141. Verfahren und Vorrichtung zur Bestimmung der Ungleichmäßigkeit von Textilfäden. Erf. u. Inh.: *Rolf Barthel* u. *Roland Bayreuther*. A. 24. 2. 70, B. 20. 8. 72. Kl.: 42k, 50, Int. Kl.: G 01n 33/36. A.-Z.: WP 42k/145737. Entspr. DTO 2105362.

Literaturschau

Auszug aus Lieferung 5 und 6/1973 der Literaturschau „Faserstoffe und Textiltechnik", zusammengestellt von der Abteilung Information und Dokumentation des Instituts für Polymerenchemie der AdW der DDR, 153 Teltow-Seehof, Kantstr. 55

I. Wissenschaftliche Grundlagen

Allgemeines

(Untersuchungsmethoden u. a.)

Greenhow, E. J., Spencer, L. E.: Ionische Polymerisation als Mittel zur Endpunktanzeige in der nichtwäßrigen thermometrischen Titrimetrie. I. Bestimmung von organischen Basen. II. Bestimmung von organischen Säuren. III. Bestimmung von Alkaloiden und Alkaloidsalzen. Analyst **98** (1973) 1163, S. 81 – 89; 90 – 97; 98 – 102.

Physik und Chemie der Hochpolymeren

Gupta, Santosh K., Forsman, W. C.: Eine allgemeine Behandlung von Irrflugstatistiken mit und ohne ausgeschlossenem Volumen. Macromolecules, Washington 5 (1972) 6, S. 779 – 785.

Philipp, B., Wulf, K., Linow, K.-J., Kapelle, R.: Rheologische Untersuchungen an Spinnlösungen. Chem. Vlákna, Svit (Chem. Fasern) **22** (1972) 6, S. 114 – 123.

Boiangiu, T.: Ein sehr aussichtsreiches Material – Polyäthylen mit hoher relativer Molekülmasse. Materiale plast., Bucureşti **9** (1972) 10, S. 533 – 536.

Dimov, K., Sarmadžieva, V., Nikolova, Z. (Schreibw. i. Orig.: *Sarmadjieva, W.*): Einfluß der Lösungsmittel auf die Struktur und Eigenschaften der Diacetylcelluloselösungen und -filme. Papier **27** (1973) 1, S. 4 – 11.

Kozlov, P. V., Gert, E. V., Belokon', Z. S.: Einfluß der Kristallisationsbedingungen auf die Struktur und Morphologie von Celluloseacetaten. Cellulose Chem. Technology, Jassy/Rum. **6** (1972) 5, S. 531 – 546. (russ.).

Papisov, I. M., Sergieva, E. I., Pautov, V. D., Kabanov, V. A.: Über den Einfluß des Reaktionsmediums und der Konformation von Makromolekülen auf die Umsetzung von Polyacryl- bzw. Polymethacrylsäure mit Polyäthylenglykol. Dokl. Akad. Nauk SSSR (Ber. Akad. Wiss. UdSSR) **208** (1973) 2, S. 397 – 400.

Maklakov, A. I., Pimenov, G. G.: Die Verschmälerungstemperatur der KMR-Linie und ihre Beziehung zu der Glasumwandlungstemperatur. Vysokomol. Soed. (Hochmol. Verbind.) Serie A **15** (1973) 1, S. 107 – 113.

Mežikovskij, S. M., Gurov, A. A., Mjagčilova, N. I., Liogon'kij, B. I., Berlin, A. A.: Untersuchung des thermischen und des thermooxydativen Abbaues von Polyanthrachinoniminen. Vysokomol. Soed. (Hochmol. Verbind.) Serie A **15** (1973) 1, S. 3 – 9.

Barabanov, V. P.: Einige Fragen der Elektrochemie nichtwäßriger Lösungen von Polyelektrolyten. Faserforsch. u. Textiltechnik **24** (1973) 2, S. 67 – 71.

Gärtner, K., Pohl, G., Schade, H., Schröder, K.: Betrachtungen über ionisch modifizierte Polymere als Polyelektrolyte geringer Ladungsdichte. Faserforsch. u. Textiltechnik **24** (1973) 2, S. 72.

Achmedov, K. S.: Neue wasserlösliche Polyelektrolyte. Faserforsch. u. Textiltechnik **24** (1973) 2, S. 73 – 75.

Dolar, D.: Thermodynamische Eigenschaften von Polyelektrolytlösungen. Faserforsch. u. Textiltechnik **24** (1973) 2, S. 65–66.

Schaper, R. J., Hearp, K. S., Sinkovitz, G. D., Slagel, R. C.: Anionische Polymere als elektrisch leitende Materialien und ihr Vergleich mit kationischen Polymeren. Bewertung polymerer Flächengebilde. Tappi, New York **55** (1972) 12, S. 1687–1689.

Cowie, J. M. G., McCrindle, Jean T.: Polymer/Colösungsmittel-Systeme. II. Ein System mit asymmetrischen Löslichkeitsparametern: Aceton (1), Cyclohexanol (2), Polystyrol (3). European Polymer J. **8** (1972) 12, S. 1325–1331.

Jerome, R., Desreux, V.: Elektrochemisches Verhalten einer „Schneckenhaus"-Kationenaustauschmembran. Membranpotential. J. appl. Polymer Sci. **16** (1972) 11, S. 2739–2749.

Beeson, J. J., Mayhan, K. G.: Charakterisierung des durch strahlungschemische Polymerisation in Gegenwart von Kaolin als Substrat erhaltenen Polymethylmethacrylats. J. appl. Polymer Sci. **16** (1972) 11, S. 2777 bis 2794.

Petropavlovskij, G.: Herstellung und Eigenschaften einiger ionogener Celluloseäther und -ester. Faserforsch. u. Textiltechnik **24** (1972) 2, S. 49–57.

Horaček, H.: Gleichgewichtsdrücke, Löslichkeit und Mischbarkeit des Systems: Unvernetztes Polystyrol(PS)/Kohlenwasserstoffe (KW). 1. Teil: Der Einfluß des Verzweigungsgrades (n-, iso- und neo-Pentan). Kolloid-Z. u. Z. Polymere **250** (1972) 9, S. 863–874.

Radu, M., Popescu, G., Anghel, D.: Untersuchung über die Wechselwirkung Polymere – Tenside. II. Solubilisierung im System Polyvinylpyrrolidon – anionische Tenside. Kolloid-Z. u. Z. Polymere **250** (1972) 9, S. 875 bis 882.

Hradil, J., Štamberg, J.: Chemische Umwandlungen von Polymeren. XII. Reaktion von Polyäthylen mit Chlorsulfonsäure. Coll. czechoslov. chem. Commun. **37** (1972) 12, S. 3868–3877.

Grubisic-Gallot, Z., Picot, M., Gramain, Ph., Benoit, H.: Charakterisierung von Homopolymeren und Copolymeren durch gekoppelte Gelchromatographie und automatische Viskosimetrie. J. appl. Polymer Sci. **16** (1972) 11, S. 2931–2945.

Hoeve, C. A. J., Wagner, H. L., Verdier, P. H.: Die Charakterisierung von linearem Polyäthylen SRM 1475. I. Einleitung. J. Res. Nat. Bur. Standards, A: Physics and Chemistry **76** (1972) 2, S. 137–138.

Hagnauer, G. L., Mulligan, G.: Charakteristiken eines Polyphenylchinoxalins in m-Kresollösungen. Nuova Chimica, Milano **49** (1973) 1, S. 59–63.

Geuskens, G., Borsu, M., David, C.: Photochemischer und strahlungschemischer Abbau von Polyvinylacetat. III. Einfluß der Temperatur auf den photochemischen Abbau. European Polymer J. **8** (1972) 12, S. 1347–1353.

Koršak, V. V., Vinogradova, S. V., Salazkin, S. N., Kul'kov, A. A.: Aromatische Carden-Polyäther. Dokl. Akad. Nauk SSSR (Ber. Akad. Wiss. UdSSR) **208** (1973) 2, S. 360–361.

Physik und Chemie der Monomeren und Oligomeren

Roth, H.: Untersuchungen zur Elektronenstruktur von Vinylmonomeren mittels hochauflösender NMR. Plaste u. Kautschuk **20** (1973) 2, S. 121–124.

Polymerisation

Rybicky, J., Tanner, J., Funt, B. L.: Kinetik der Polymerisation mit Donator-Akzeptor-Komplexen. III. Abschätzung einiger kinetischer Näherungen. J. Polymer Sci., A-1: Polymer Chem. **10** (1972) 9, S. 2565 bis 2572.

Harvey, P. E., Leonard, J.: Thermodynamik der Gleichgewichtscopolymerisation in Lösung. Ein allgemeiner Ausdruck und seine Anwendung auf die Substanzcopolymerisation. Macromolecules, Washington **5** (1972) 6, S. 698–702.

Warburton, C. E., jr.: Eine thermoanalytische Untersuchung der chemischen Reaktionen von Faltenbeständigkeits- und schmutzabweisenden Ausrüstungsmitteln. J. appl. Polymer Sci. **16** (1972) 11, S. 2859–2876.

Simionescu, Cr., Vasiliu, S.: Untersuchungen auf dem Gebiet der durch Polykondensation erhaltenen Polyphenylacetylene. II. Acta chim. Acad. Sci. hung. **74** (1972) 4, S. 461–470 (franz.).

Heublein, G., Agatha, G.: Untersuchung der Kinetik kationischer Polymerisationen von Alkylvinyläthern mit einem anisothermen Kalorimeter. I. Die jodkatalysierte Polymerisation des Isobutylvinyläthers. J. prakt. Chemie **314** (1972) 5/6, S. 699–726.

Koch, R., Wolf, F., Taeger, E.: Zur Copolymerisation von Natrium-β-chlorvinylsulfonat mit verschiedenen reaktiven Monomeren. Faserforsch. u. Textiltechnik **24** (1973) 2, S. 75.

Kobayashi, N., Fujisawa, T.: Schwefelhaltige Polymere. IV. Darstellung und Eigenschaften von Polysulfenylthiocarbonaten. J. Polymer Sci., A-1: Polymer Chem. **10** (1972) 9, S. 2591–2600.

Čefelin, P., Stehlíček, J., Šebenda, J.: Alkalische Polymerisation von 6-Caprolactam. XLII. Einfluß der Aktivatorart auf Typ und Gehalt der Ketogruppen sowie an Aktivatorrückständen. Coll. czechoslov. chem. Commun. **37** (1972) 12, S. 3861–3867.

Carraher, C., jr., Lessek, P.: Synthese von Titanpolyaminen durch Grenzflächenverfahren und Verfahren in wäßriger Lösung. European Polymer J. **8** (1972) 12, S. 1339–1345.

Gohlke, U., Reinisch, G.: Über das Polykondensationsgleichgewicht bei Polycaprolactam. Chem. Vlákna, Svit (Chem. Fasern) **22** (1972) 6, S. 109–113.

Kissin, Ju. V., Dankovics, A. (Schreibw. i. Orig.: *Kissin, Yu. V.*): Über die Copolymerisation von Propylen mit Vinylchlorid in Gegenwart von Ziegler-Natta-Katalysatoren. Nuova Chimica, Milano **49** (1973) 1, S. 29–31.

Sangster, J. M., Worsfold, D. J.: Ionenwirkung auf die Polymerisation von Tetrahydrofuran. Nuova Chimica, Milano **49** (1973) 1, S. 86–89.

Johnston, N. J., Epps, L. B.: Polykondensation von Pyromellithdianhydrid mit 3,3'-Diaminobenzidin in aprotischen Lösungsmitteln. II. Untersuchung an verdünnten Lösungen. J. Polymer Sci., A-1: Polymer Chem. **10** (1972) 9, S. 2751–2765.

Reyes, Z., Clark, C. F., Dreier, F., Phillips, R. C., Russell, C. R., Rist, C. E.: Kontinuierliche Herstellung von Acrylnitril-Stärke-Pfropfcopolymeren durch Katalyse mit Cerionen. IEC. Ind. engng. Chem./Proc. Design Development **12** (1973) 1, S. 62–67.

Beneš, M. J., Holata, J., Peška, J., Štamberg, J.: Quaternäre Ammoniummethacrylate: Synthese und Polymerisation. Faserforsch. u. Textiltechnik **24** (1973) 2, S. 76.

Lisicki, Z., Fraczek, K., Burczyk, R.: Kationische Polymerisation von Styrol im Durchfluß-System. II. Einfluß der Parameter der Styrololigomerisation mit Schwefelsäure bei völliger Umsetzung des Monomeren auf das Molekulargewicht der Oligomeren. Angew. makromol. Chemie, Basel **23** (1972) S. 9–20.

II. Faserstoffe. Ausgangsstoffe usw.

Ein Faserbruchatlas. Teil 9. Textile Manuf. **99** (1972) 1173, S. 12–13.

Naturfaserstoffe

Pflanzliche Faserstoffe

Bykova, E. S.: Über die Eigenschaften von Fasern aus Zuckerrohr. Tekstil. Prom., Moskva (Textil-Ind.) **32** (1972) 10, S. 6–7.

Wandel, M., Gutschik, E., Brokmeier, D.: Elektrostatisches Verhalten von Fasermischungen. Melliand Textilber. internat. **54** (1973) 1, S. 89–90.

Štut, I. I.: Ausnutzung der Simplex-Gitterpläne bei der Projektierung von Mischungen. Izv. vysšich uč. Zav. Technol. tekstil. Prom. (Hochschulnachr. Technol. Textil-Ind.) (1972) 5, S. 40–42.

Gavrilova, A. N.: Untersuchung der Filtrierung von Luft durch eine aus Flachsbast gewonnene Faserschicht. Izv. vysšich uč. Zav. Technol. tekstil. Prom. (Hochschulnachr. Technol. Textil-Ind.) (1972) 5, S. 34–36.

Tóth, L.: Die Änderung der Produktionseinrichtung und ihr Zusammenhang mit den Produkten und Fertigungstechnologien der Hanfindustrie im Lichte der Entwicklung der Industriesparte. Magyar Textiltechn. **25** (1973) 1, S. 13–17.

Naarding, B. J.: Neue Aspekte für die Baumwolle. Melliand Textilber. internat. **54** (1973) 1, S. 7–12.

Hembree, J. F.: Die Schnelltest-Straße für Baumwolle. Textil-Praxis internat. **27** (1972) 10, S. 577–580.

Bragg, Ch. K., Burley, S. T., jr.: Versuche zur verbesserten technischen Bewertung der Baumwollqualität. Textil-Praxis internat. **27** (1972) 10, S. 580–584.

Tierische Faserstoffe

Hadwich, F.: Einfluß der Art und Dauer der Lagerung einer Wollkammzugprobe auf die Almeter-Kennwerte. Teil 1. Kammzug in Spulenform. Textil-Praxis internat. **27** (1972) 12, S. 700–704.

Leiserson, T., Lerner, C.: Mischungen von Wolle mit Acrylfasern. II. Teil. Galaxia, Buenos Aires (1972) 46, S. 21–23.

Allan, A., Enrique, A., Morini, C., Agoff, J.: Amperometrische Bestimmung von Cystin und Cystein in gefärbter Wolle. Galaxia, Buenos Aires (1972) 46, S. 4–10.

Asquith, R. S., Carthew, P.: Die konkurrierende Additionsreaktion von Dehydroalanin-Rückständen, die sich während des alkalischen Abbaues des Wollcystins bilden. J. Textile Inst. **64** (1973) 1, S. 10–20.

Chemiefaserstoffe

Koch, P.-A., Stein, H. J.: Definitionen, Ausgangsstoffe und chemischer Aufbau der verschiedenen nichtsynthetischen Chemiefasern. Textilveredlung, Weinfelden/Schweiz **7** (1972) 9, S. 578–579.

Jabločnik, N. S., Judin, A. V.: Untersuchung der Dispersität einiger, in der Chemiefaserindustrie eingesetzter wäßriger Präparationen. Chim. Volokna (Chem. Fasern) (1973) 1, S. 33–35.

Papkov, S. P.: Zur Ordnung der Makromoleküle beim Erspinnen von Fäden aus Lösungen starrkettiger Polymerer. Chim. Volokna (Chem. Fasern) (1973) 1, S. 3–6.

Cellulose und Zellstoff

Ezzat, S.: Pentosanverteilung in der α-, β- und γ-Cellulose verschiedener verholzter Pflanzen. Holzforsch. **27** (1973) 1, S. 16–20.

Baczyńska, K.: Wasserstoffperoxid als Bleichmittel für Sulfitzellstoff. Przegl. papierniczy **28** (1972) 11(346), S. 378–380.

Bobrov, A. I., Mutovina, M. G., Bondareva, T. A.: Untersuchungen auf dem Gebiet des Bisulfitaufschlusses von Lärchenholz. Cellulose Chem. Technology, Jassy/Rum. **6** (1972) 5, S. 559–569. (russ.).

Shenai, V. A., Prasad, R. B.: Untersuchungen über die beschleunigte Oxydation der Cellulose. Teil II. Das Verhalten von Cobalthydroxid. Textile Res. J. **42** (1972) 10, S. 603–604.

Regeneratfaserstoffe

Morin, B. P., Vilkov, V. A., Rogovin, Z. A.: Einfluß von auf Cellulosexanthogenat gepfropften Polyelektrolytketten auf die Eigenschaften der Lösungen und der daraus erhaltenen Fäden. Faserforsch. u. Textiltechnik **24** (1973) 2, S. 77–82.

Zernov, E. V., Kotikov, V. A.° Ökonomische Effektivität der Herstellung und des Einsatzes von Mtilonfasern. Izv. vysšich uč. Zav. Technol. tekstil. Prom. (Hochschulnachr. Technol. Textil-Ind.) (1972) 5, S. 11–13.

Ismailov, F. A., Kamalov, S., Talipov, Ch.: Eigenschaften von modifizierten Acetatfaserstoffen. Chim. Volokna (Chem. Fasern) (1973) 1, S. 73–74.

Zakurdaeva, N. P., Deržavina, È. D., Podgorodeckij, E. K.: Wege zur Intensivierung des Löseprozesses von Cellulosetriacetat. Chim. Volokna (Chem. Fasern) (1973) 1, S. 28–31.

Synthetische Faserstoffe

Balcerzyk, E.: Porosität von Faserstoffen. Teil II. Nach Schmelzspinnverfahren hergestellte Faserstoffe. Beziehung zwischen einigen Eigenschaften der Faserstoffe und ihrer Porenstruktur. Polimery, Warszawa **17** (1972) 12, S. 601–604.

Koch, P.-A.: Faserstoff-Tabellen, Synthesefasern. I. u. II. Textilveredlung, Weinfelden/Schweiz **7** (1972) 9, S. 580–588; 589–592.

Geller, V. E., Brodskaja, L. I., Lavrov, B. B., Careva, L. S.: Technologien für das Recken von Polyesterdraht. Chim. Volokna (Chem. Fasern) (1973) 1, S. 11–13.

Rodionov, V. A., Ovdak, A. P., Majboroda, I. N.: Arbeitskennwerte einer Fließstraße zur Behandlung von Kaprongranulat. Chim. Volokna (Chem. Fasern) (1973) 1, S. 46–48.

van der Hoeve, J. A., Theusink, C. A.: Einfluß von gasförmigen Luftverunreinigungen auf Polyamid. Tex, Doetinchem/Nd. **31** (1972) 7/8, S. 31–32, 35–38.

Ohtsu, T., Nishida, K., Nagumo, K., Tsuda, K.: Die Aggregation oder Kristalle von Acridinorange (freie Base) innerhalb der Poren von Polyvinylalkoholfaserstoff. Kolloid-Z. u. Z. Polymere **250** (1972) 9, S. 860 bis 862 (engl.).
Malaguzzi, F.: Die zweite Generation der Chlorofaserstoffe. Ind. textile, Paris (1972) 1017, S. 801–802.
Zinina, A. P., Pen'kova, M. P., Gabrieljan, G. A., Rogovin, Z. A., Gulina, A. A.: Herstellung von Faserstoffen aus Gemischen von Lösungen des Polyacrylnitrils und Polymeren mit biegsamen Ketten. Chim. Volokna (Chem. Fasern) (1973) 1, S. 61–63.

Natürliche mineralische Faserstoffe

Choi, I., Smith, R. W.: Kinetische Untersuchung des Lösens von Asbestfaserstoff in Wasser. J. colloid interface Sci. **40** (1972) 2, S. 253–262.

Ausgangsstoffe. Schaumstoffe. Kautschuk

Bischof, C.: Über einige Probleme des Zusammenhangs zwischen Eigenschaften und Verarbeitbarkeit von Thermoplasten. Plaste u. Kautschuk **20** (1973) 2, S. 86–90.

III. Fäden-Herstellungstechnologien

Spinnerei. Zwirnerei

Bogatkov, V. M., Muraševa, L. A., Gordejčik, G. M.: Neue atomatisierte Spinnerei ohne Spindeln. Tekstil. Prom., Moskva (Textil-Ind.) **32** (1972) 10, S. 8–12.
Isler, H.: Das PAVENA-Verfahren der Fa. Rieter. Ind. textile, Paris (1972) 1017, S. 793–797.
Sprenkmann, W., Marquardt, K.: Der Einfluß von Spinnschmälzen auf die Verarbeitungseigenschaften von Chemiefasern. Textile Manuf. **99** (1972) 1173, S. 30–33.

Spinnereivorbereitung

Die „Servo-Card": Ein bedeutender Schritt vorwärts in der Halbkammgarnspinnerei. Tex, Doetinchem/Nd. **31** (1972) 11, S. 27–28.
Pavlov, Ju. V.: Experimentelle Bestimmung der Größe von Drehung und Drehmoment in Spinnereiprodukten bei ihrer Bewegung über eine Zylinderoberfläche. Izv. vysšich uč. Zav. Technol. tekstil. Prom. (Hochschulnachr. Technol. Textil-Ind.) (1972) 5, S. 52–55.
Röder, I.: Die veränderte Bedeutung des Reinigens durch Öffnen und Mischen in der Fertigungstechnologie von Garnen mit Baumwollcharakter. Magyar Textiltechn. **25** (1973) 1, S. 1–6.

Spinnerei

Stein, H., van der Weyden, H.: Der Einfluß der Faserzuführung an der Karde auf die Bandgleichmäßigkeit. Chemiefasern/Textilind. **23/75** (1973) 1, S. 43–47.
Kudrjavceva, T. N., Kulikova, Z. I.: Strukturanalyse von nach dem elektrostatischen Spinnverfahren hergestelltem Garn. Tekstil. Prom., Moskva (Textil-Ind.) **32** (1972) 10, S. 18–20.

Erzeugnisse der Spinnerei und Zwirnerei

Smigielski, E.: Garnneuheiten in wollenen Nadelflorteppichen. I. Gebräuchliche Herstellungsmethoden. Textile Inst. Ind. **11** (1973) 1, S. 13–16.
Vilkov, Ju. V., Gosteva, R. V., Ronžina, L. N., Popova, M. V., Uspenskaja, A. M., Dymova, E. A.: Herstellung von Abfallgarn nach dem Naßverfahren. Tekstil. Prom., Moskva (Textil-Ind.) **32** (1972) 10, S. 20–22.

Texturfäden

Wegener, W., Heintze, A.: Herstellung modifizierter Falschdraht-Kräuselgarne aus schrumpfarmen Polyamid-6-Rohgarnen. Chemiefasern/Textil-Ind. **22/74** (1972) 10, S. 877–880; 11, S. 1025–1028; 12, S. 1092–1095; **23/75** (1973) 2, S. 118–122.
Morawek, W.: Aspekte der Texturierung/Verwendung der texturierten Garne in der Wirkerei-Strickerei. Melliand Textilber. internat. **54** (1973) 1, S. 41–44.

IV. Flächengebilde-Herstellungstechnologien

ten Hoevel, K. M. B.: Neuentwicklungen auf dem Teppichsektor. I. Tex, Doetinchem/Nd. **31** (1972) 12, S. 27–28; **32** (1973) 1, S. 31–34.
Pronk, J.: Modische Aspekte des zukünftigen Fußbodenbelages. Tex, Doetinchem/Nd. **32** (1973) 1, S. 27–28.

Materialvorbereitung

Der Prozeßrechner Indicator in der Autoconer-Spulerei. Chemiefasern/Textilind. **23/75** (1973) 1, S. 28–29.
Stein, W., Schnitzler, H.: Absprühendes Spulöl an der Präzisions-Kreuzspulmaschine – ein einfaches Verfahren zur Reduzierung des Ölverlustes. Chemiefasern/Textil-Ind. **23/75** (1973) 2, S. 123–125.
Černjak, L. A.: Analyse des Regulierungsprozesses des Kettverzuges in den Abwickelvorrichtungen von Schlichtmaschinen. Izv. vysšich uč. Zav. Technol. tekstil. Prom. (Hochschulnachr. Technol. Textil-Ind.) (1972) 5, S. 84–86.
Moore, K. W.: Schlichten von Texturseiden. Amer. Dyestuff Rep. **61** (1972) 9, S. 82–85.
Brut-Bruljake, A. B., Parfenov, D. L.: Schlichten von Leinengarn auf einer neuen Kammerschlichtmaschine. Tekstil. Prom., Moskva (Textil-Ind.) **32** (1972) 10, S. 39–40.
Trauter, J.: Die wichtigsten physikalischen Einflüsse beim Schlichtprozeß in ihren Auswirkungen auf das Webverhalten der Fäden. Textil-Praxis internat. **27** (1972) 10, S. 593–595.

Weberei

Kessels, K. H.: Einflüsse in bezug auf Investitionskriterien in modernen Webereien. Textile Manuf. **99** (1972) 1173, S. 14–16.
Die Sulzer-Produktionsüberwachungsanlage System 913 in der Weberei. Chemiefasern/Textilind. **23/75** (1973) 1, S. 29.

Weberei-Technologie

Sidorov, Ju. P.: Perspektiven für die Ausrüstung der Weberei mit neuen Maschinen in den Jahren 1971 bis 1975. Tekstil. Prom., Moskva (Textil-Ind.) **32** (1972) 10, S. 23–26.
Kirchenberger, H.: Eine Systematik nichtkonventioneller Schußeintragsverfahren. Textil-Praxis internat. **27** (1972) 11, S. 642–645.
Bauer, H.: Kriterien bei der Anschaffung neuer Webmaschinen. Chemiefasern/Textil-Ind. **23/75** (1973) 2, S. 105.

Erzeugnisse der Weberei

Chomjakova, N. F., Kulešova, Ž. D.: Über die Eigenschaften von Halbleinengeweben mit Knitterarmausrüstung. Tekstil. Prom., Moskva (Textil-Ind.) 32 (1972) 10, S. 66–68.
Polyäthylen- oder Polypropylenfolienfäden für Säcke. Textilis, Gent **28** (1973) 1, S. 22–23.
Shiloh, M., Slinger, R. I.: Harzbehandelte Baumwollgewebe. Der Einfluß der Gewebestruktur und Harzbehandlung auf einige physikalische Eigenschaften von Baumwollgeweben. Amer. Dyestuff Rep. **61** (1972) 9, S. 64, 66, 68, 69.
Žaljauskene, Z. I., Sucharev, M. I.: Kriterielles Verfahren zur Bestimmung der Gewebequalität. Izv. vysšich uč. Zav. Technol. tekstil. Prom. (Hochschulnachr. Technol. Textil-Ind.) (1972) 5, S. 20–23.
Chadwick, G.: Grünes Licht für Gewebe. Textilia, Milano **49** (1973) 1, S. 55–56.

Wirkerei und Strickerei. Konfektionstechnik. Sonstige Technologien

Pavlick, J. L.: Fa. Sea Darlings of California hat durch koordinierte Produktionsverfahren Erfolg. Knitting Times **41** (1972) 31, S. 42–46.
Gross, D.: Zuschneidevorrichtungen und Transportanlagen sind Hauptmerkmale der Produktion der Fa. Noble Knit Manufacturing Co. Knitting Times **41** (1972) 31, S. 38–41.
Reichman, Ch.: Faktoren, die das Nähen von gestrickter bzw. gewirkter Oberbekleidung beeinflussen. Knitting Times **41** (1972) 31, S. 32–33.
Weber, K.-P.: Die Wirkerei und Strickerei. Technologische und bindungstechnische Grundlagen. Melliand Textilber. internat. **54** (1973) 1, S. 59–60.
Bradley, S. B.: Herstellung regulär gearbeiteter Maschenkleidung. Teil 2. Knitting Times **41** (1972) 37, S. 45–50.

Wirkerei- und Strickerei-Technologie

Welchen Einfluß hat die Systemzahl auf Leistung und Produktivität moderner Jacquardrundstrickmaschinen? Wirk.- u. Strick.-Technik **23** (1973) 1, S. 2–8.
Das Musterverarbeitungssystem Patronik MVS 200. Chemiefasern/Textilind. **23/75** (1973) 1, S. 29, 30, 32.
Übersicht über Großrundstrickmaschinen für Pulloverlängen mit Einrichtung für Trennreihe und festem Anfang. Knitting Times **41** (1972) 30, S. 45–48.
Rajnai, G.: Photoelektrische Wächterapparaturen in der Maschenwarenindustrie. I. Teil. Magyar Textiltechn. **25** (1973) 1, S. 18–21.

Erzeugnisse der Wirkerei und Strickerei

Kuhn, U.: Eine neue rationelle Fertigungstechnik für Cordsamt: das Turbotex-Verfahren. Ind. textile, Paris (1972) 1018, S. 889–892.
Diete, S., Sommer, E., Scholl, D.: Verarbeitung von Kammgarn auf Großrundstrickmaschinen. Melliand Textilber. internat. **54** (1973) 1, S. 51–59.
Koppitz, W.: Warenanfänge und Großrundstrickmaschinen. Wirk.- u. Strick.-Technik **23** (1973) 2, S. 116, 119–120.
Kidacki, H., Dyson, E.: Die Einschätzung des ausgeglichenen Einlaufs bei der Herstellung von Rechts/Rechts-Jacquard-Großrundgestricken. Hosiery Trade J. **79** (1972) 947, S. 112–116.
Pinmaster jetzt dem Mustervorbereitungssystem Stibbe-Matic hinzugefügt. Hosiery Trade J. **79** (1972) 947, S. 127–130.
Darlington, K. D.: Trikot- und Raschelhemdenstoffstrukturen. Knitting Times **41** (1972) 37, S. 40–44.

Konfektion

Textilprobleme für Unterwäsche. Bekleidungsmedizin **12** (1972) 5/6, S. 15–16.
Kovács, J.: Entwicklungsziele in der Fahrrad- und Nähmaschinenfabrik Csepel. Magyar Textiltechn. **25** (1973) 1, S. 25–29.

Textilverbundstoffe

Mjagi, A. R.: Parameter von Nadeln für Nadelmaschinen. Tekstil. Prom., Moskva (Textil-Ind.) **32** (1972) 10, S. 56–57.
Kuz'min, V. I.: Berechnung der Dauer des Trocknungsprozesses von Filter-Klebvliesstoffen. Izv. vysšich uč. Zav. Technol. tekstil. Prom. (Hochschulnachr. Technol. Textil-Ind.) (1972) 5, S. 122–123.

Faserverbundstoffe. Vliesstoffe

Sobolevskaja, I. M.: Fließstraße zur Herstellung von Vliesstoffen. Tekstil. Prom., Moskva (Textil-Ind.) **32** (1972) 10, S. 54–55.
Kuhnt, H.: Ökonomische Fragen des Einsatzes von Vliestextilien im Gesundheitswesen. Textilreinigung **20** (1973) 1, S. 11–12.
Schlese, G.: Vliesstoffe aus Baumwolle. Melliand Textilber. internat. **54** (1973) 1, S. 35–40.

V. Textilveredlung

Beltran, M. R.: Rauchverringerung für Textilveredler. Amer. Dyestreff Rep. **61** (1972) 8, S. 42–44.

Farbstoffe. Textilhilfsmittel

Eine Übersicht über neue Farbstoffe. Internat. Dyer, Textile Printer, Bleacher, Finisher **148** (1972) 10, S. 588, 591, 594, 597, 599, 600, 602.
Gemzová, I., Jehlička, V.: Beitrag zur Bestimmungsmethodik der Diffusionskoeffizienten von Farbstoffen in Lösung. Coll. czechoslov. chem. Commun. **37** (1972) 12, S. 3994–4000.
Raue, R.: Schwerpunkte der heutigen Farbstoffentwicklung für basisch färbbare Synthesefasern. Textilveredlung, Weinfelden/Schweiz **7** (1972) 12, S. 799–806.
Carbonell, I., Hasler, R., Robinson, T.: Die Thermomigration und ihre praktische Bedeutung. Internat. Textil-Bull., Zürich. Weltausgabe Strickerei/Wirkerei/Konfektion (1972) 4, S. 259–260, 265–266, 271–272, 298.
Nijland, B.: Stärken mit Kartoffelstärkemehlderivaten. Tex, Doetinchem/Nd. **31** (1972) 12, S. 13–15.

Bleicherei. Sonstige Vorbehandlungsverfahren der Textilveredlung

Fortschritt auf dem Gebiete der Vorbereitung. Internat. Dyer, Textile Printer, Bleacher, Finisher **148** (1972) 11, S. 645–646.

Empfehlungen für die Entwicklungswäsche von Wirk- und Strickwaren aus Dralon in Mischung mit tierischen Fasern, wie Alpaca, Kamelhaar, Kaschmir, Mohair usw. Wirk.- u. Strick.-Technik **23** (1973) 1, S. 22, 24–25.

Dierkes, G.: Moderne Wasch- und Bleichanlagen für die Breitbehandlung von Web- und Wirkwaren. Chemiefasern/Textil-Ind. **23/75** (1973) 2, S. 137–138.

Färberei

von der Eltz, H.-U.: Mehr Sicherheit im Thermosol-Verfahren. III. Kann die Wanderung von Farbstoffen bei der Zwischentrocknung verhindert werden? Textil-Praxis internat. **27** (1972) 11, S. 662–664.

Ungermann, E.: Die Anwendung der Remazol-Farbstoffe nach dem Klotz-Kurzverweil-Verfahren. Textil-Praxis internat. **27** (1972) 10, S. 620–622.

Farbrezepte durch den Computer. Aufbau einiger Farbmetrik-Organisation durch die „Forbentra". Wirk.- u. Strick.-Technik **23** (1973) 1, S. 21–22.

Die Farbmetrik-Organisation der Forbentra. Chemiefasern/Textilind. **23/75** (1973) 1, S. 32–33.

Leslie, M. E.: Überwindung der hohen Kosten des Strangfärbens. Amer. Dyestuff Rep. **61** (1972) 10, S. 44, 46.

Neubert, J.: Färben von Wolle mit Reaktivfarbstoffen. Galaxia, Buenos Aires (1972) 46, S. 12–18.

Konrad, H.: Praktische Erfahrungen beim Färben von Wolle mit HOSTOLAN-Farbstoffen. Tex, Doetinchem/Nd. **32** (1973) 1, S. 39–40.

Dieudonné, C. F.: Einfluß des Säuregehaltes von Färbeflotten auf die Färbeeigenschaften von 2:1-Metallkomplexfarbstoffen und schwachsauren Farbstoffen auf Wolle. Tex, Doetinchem/Nd. **31** (1972) 9, S. 25–26, 28–29, 31.

Mack, R., Moreau, J.: Mischgewebe tongleich färben. Terindosolfarbstoffe bessern Warenbild bei Polyester/Zellulose-Mischgeweben. VDI-Nachr. **27** (1973) 7, S. 14–15.

Entwicklungen auf dem Gebiet der Continu- und Semicontinu-Färberei von Textilien. I. Tex, Doetinchem/Nd. **32** (1973) 1, S. 40–45.

Druckerei

Fortschritt auf dem Gebiete des Pigmentdrucks. Internat. Dyer, Textile Printer, Bleacher, Finisher **148** (1972) 10, S. 602–603.

Wie man textile Flächengebilde aus Polyester-Texturseide erfolgreich bedruckt. Amer. Dyestuff Rep. **61** (1972) 10, S. 72–74.

Gimbrère, J. M.: Arbeitsweise und Anwendungsmöglichkeiten des Sublistatic-Abziehbilderdruckverfahrens. Tex, Doetinchem/Nd. **31** (1972) 11, S. 41–45.

Tak, A. G. M., Glastra, M.: Übertragung der Druckpaste beim Filmdruck. Textilveredlung, Weinfelden/Schweiz **7** (1972) 12, S. 780–789.

Carikevič, L. G., Kovžin, L. A., Charcharov, A. A.: Verhalten der Vinylsulfon-Reaktivfarbstoffe beim Bedrucken von Kapronerzeugnissen. Izv. vysšich uč. Zav. Technol. tekstil. Prom. (Hochschulnachr. Technol. Textil-Ind.) (1972) 5, S. 103–106.

Ausrüstung. Trocknung

Nestojter, Z. S.: Vorstabilisierung von Strumpferzeugnissen aus Kapronfäden. Tekstil. Prom., Moskva (Textil-Ind.) **32** (1972) 10, S. 60–61.

Wie ist Shetty aus Dralon in einer Chemisch-Reinigungsanlage auszurüsten? Wirk.- u. Strick.-Technik **23** (1973) 1, S. 26.

Jakobson, I.: Die Behandlung von Textilien aus Cellulosefasern in flüssigem Ammoniak. Ind. textile, Paris (1972) 1017, S. 833–837.

Kirkina, L. I., Zolobova, V. S., Lagutina, L. V., German, O. R.: Technologische Bedingungen für das Imprägnieren von Baumwollgeweben zum Schutz gegen Wasser, Öl und Säure. Techn. Textilien **15** (1972) 6, S. 152–153.

Das Datenerfassungssystem für Schaumaschinen von Monforts. Chemiefasern/Textilind. **23/75** (1973) 1, S. 34.

Das 3-Kontakt-Schersystem für Gewebe. Chemiefasern/Textil-Ind. **23/75** (1973) 2, S. 110.

Whitfield, R. E., Friedman, M.: Flammfeste Wolle. IV. Chemische Modifizierung der Wolle mit halogenorganischen Säure-Halogenoiden. Textile Res. J. **42** (1972) 9, S. 533–535.

Gailey, R. M.: Die Behandlung von Baumwolle in flüssigem Ammoniak. Textilveredlung, Weinfelden/Schweiz **7** (1972) 12, S. 789–793.

Robinson, T.: Möglichkeiten der Rationalisierung in der Hochveredlung von Cellulosefasern und Cellulose/Polyester-Mischgeweben. Chemiefasern/Textil-Ind. **23/75** (1973) 2, S. 131–135.

Wäscherei. Chemische Reinigung

Nagai, T., Hashimoto, Sh., Tokuwaka, H., Shige, T.: Untersuchungen zur Waschmittelanalyse. III. Identifizierung und Bestimmung organischer Builder in Waschmitteln durch kernmagnetische Resonanzspektroskopie. Tenside, München **9** (1972) 6, S. 317–322.

Klipfel, H.: Vergleichende Untersuchungen an Waschschleudermaschinen und Gegenstromanlagen. Reiniger + Wäscher **26** (1973) 1, S. 18–19.

Vaek, S. V.: Einige Betrachtungen über Gewebeproben zur Kontrolle des Waschens und der chemischen Reinigung sowie über die Anwendung in der Praxis. Invest. Inform. textil, Tensioactivos, Barcelona **15** (1972) 4, S. 545–565.

Solt, A.: Erkenntnisse aus Investitionen der Textilreinigung Ungarns. Textilreinigung **20** (1973) 2, S. 50–52.

VI. Werkstoffprüfung. Meß- und Prüftechnik. Standardisierung

Netea, M.: Bestimmung des Durchmessers bzw. der Feinheit von Chemiefasern für Wollmischungen und der zulässigen Maximalgleichmäßigkeit der daraus gesponnenen Garne. Textil-Praxis internat. **27** (1972) 12, S. 697–699.

Krochmann, J., Gerstenberg, G.: Über photometrische Qualitätsprüfung von Samt. Melliand Textilber. internat. **54** (1973) 1, S. 28–29.

Lebedeva, V. I.: Einfluß der Molekularungleichmäßigkeit von Hydratcellulosefasern auf ihre Farbaufnahme. Izv. vysšich uč. Zav. Technol. tekstil. Prom. (Hochschulnachr. Technol. Textil-Ind.) (1972) 5, S. 95–97.

Stein, H.: Die Bedeutung des Kraft-Dehnungsverhaltens von Fasern und Fäden bei der Weiterverarbeitung. Internat. Textil-Bull., Zürich. Weltausgabe Weberei (1972) 4, S. 363–364, 367–368, 371–374.

Eigenschaften und Fehler der Textilmaterialien u. a.

Symonowicz, B., Urbańczyk, G. W.: Die Einflüsse beim Färben mit Dispersionsfarbstoffen auf die Strukturänderungen von Polyesterfasern. Chem. Vlákna, Svit (Chem. Fasern) **22** (1972) 6, S. 142–151.

Anders, H.: Bekleidungsmedizin – was ist das? Bekleid. u. Wäsche **25** (1973) 3, S. 177–178.

Kawabata, S., Niwa, M., Kawai, H.: Die endliche Deformationstheorie von einfachen Geweben. Teil I. Die biaxiale Deformationstheorie. J. Textile Inst. **64** (1973) 1, S. 21–46.

Gančuk, L. M., Fajnberg, E. Z., Michajlov, N. V.: Untersuchung der Struktur von Regeneratcellulosefaserstoffen mittels linearer Dilatometrie. Chim. Volokna (Chem. Fasern) (1973) 1, S. 31–33.

Volkov, Ju. A., Usenko, V. A.: Veränderung der Orientierung übermolekularer Strukturen bei der Herstellung von Polypropylen-Texturfäden. Izv. vysšich uč. Zav. Technol. tekstil. Prom. (Hochschulnachr. Technol. Textil-Ind.) (1972) 5, S. 28–30.

Meß- und Prüftechnik

Sweeny, Ch. D.: Dünnschichtchromatographie. Amer. Dyestuff Rep. **61** (1972) 9, S. 70, 72, 74–78.

Leschonski, K.: Kennzeichnung disperser Systeme, Teilchengrößenanalyse. Chemie-Ing.-Technik **45** (1973) 1, S. 8–18.

Churi, R. Y.: Bariumsulfat als ein Absorptionsmittel in der Dünnschichtchromatographie. Textile Res. J. **42** (1972) 10, S. 628.

Berni, R. J., Soignet, D. M., Beninate, J. V., Pilkington, M. W.: Bestimmung von Wasser auf Baumwolle durch Gas/Flüssigkeit-Chromatographie. Textile Res. J. **42** (1972) 10, S. 576–579.

Becker, O.: Prüfgerätebedingte Abweichungen vom Normklima im mechanisch-technologischen Textillaboratorium. Chemiefasern/Textil-Ind. **23/75** (1973) 1, S. 41–43; 2, S. 125–128.

Denby, E. F.: Ursachen für die Veränderlichkeit von Waschtest-Ergebnissen an Kammgarn-Webstuhlstücken. J. Textile Inst. **64** (1973) 1, S. 1–9.

Cheng, C. C., Duckett, K. G.: Der Koeffizient des Energieverlustes von gescherten Faseranordnungen. Textile Res. J. **42** (1972) 10, S. 580–585.

Garde, A. R., Genesh, K.: Die Veränderlichkeit der Faserlängen-Parameter. Textile Res. J. **42** (1972) 9, S. 523–525.

Bürkholz, A.: Meßmethoden zur Tropfenbestimmung. Chemie-Ing.-Technik **45** (1973) 1, S. 1–7.

Standardisierung. Terminologie

Röder, H. L.: Das Tex-System. Tex, Doetinchem/Nd. **31** (1972) 11, S. 21–22.

Gaspar, W. C. E. R.: Ist das Tex-System jetzt reif für die Textilindustrie – die Textilindustrie jetzt reif für das Tex-System? Tex, Doetinchem/Nd. **31** (1972) 11, S. 23–26.

Kritik an internationalen Teppichbeurteilungssystemen. Tex. Doetinchem/Nd. **32** (1973) 1, S. 29–31.

van Bodengraven, J.: Angabe der Zusammensetzung von Textilwaren. Folgen für Industrie und Handel. Tex, Doetinchem/Nd. **31** (1972) 11, S. 15–18.

VII. Betriebstechnik. Ökonomie. Tagungsberichte und dgl.. Sonderfragen

Betriebstechnik

Pilisi, J.: Das Zusammenwirken von Herstellern von Textilmaschinen und Textilien im „technischen Abenteuer" der Jahre 1973 bis 1980. Ind. textile, Paris (1972) 1017, S. 805–807.

Cann, H. A.: Maschinenkontrolle durch Computer. Melliand Textilber. internat. **54** (1973) 1, S. 95–99.

Mitscherlich, F. E.: CRW-Arbeitsumwelt und -bestgestaltung – Licht und Beleuchtungstechnik. Chemischreiniger/Wäscher/Färber-Ztg. **71** (1972) 11, S. 546–554.

Bruss, H. K.: Viskosimeter mit dem Hohlwellenmeßsystem, eine neue Generation rheologischer Betriebsmeßgeräte. GIT. Fachz. Laboratorium **17** (1973) 1, S. 23–30.

Niemitz, W.: Abwasser und Abfall. Schwerpunkte der Umweltprobleme industrieller Produktionen. Fette, Seifen, Anstrichmittel/Ernährungsind. **75** (1973) 1, S. 1–7.

Porter, J. J.: Behandlung von Abwasser der Textilindustrie mit aktiviertem Kohlenstoff. Amer. Dyestuff Rep. **61** (1972) 8, S. 24–27.

Rodman, C. A., Virgadamo, Ph.: Verbesserung von behandeltem Abwasser der Textilindustrie. Amer. Dyestuff Rep. **61** (1972) 8, S. 21–23.

Ökonomie

Häßner, M.: Leitung und Planung von Rationalisierungsvorhaben in den volkseigenen Textilreinigungsbetrieben. Textilreinigung **20** (1973) 1, S. 2–5.

Bender, U.: Problemlösungen durch Brain-Storming und andere moderne Methoden der Ideenfindung. Textil-Praxis internat. **27** (1972) 10, S. 625–628.

Die Entwicklung der Weltbaumwollindustrie im Jahre 1970. Ind. textile, Paris (1972) 1018, S. 869.

Kiefer, D. M.: Neues gutes Jahr für den Umsatz. Chem. engng. News **50** (1972) 51, S. 9–11.

van Delden, H.: Die Unternehmensleitung in der europäischen Textilindustrie von morgen. Tex, Doetinchem/Nd. **31** (1972) 7/8, S. 11–14.

Die 100 größten Textilunternehmen der Welt. Chemiefasern/Textil-Ind. **23/75** (1973) 2, S. 93–94.

Tomcsányi, Z.: Über die praktischen Mehoden der Qualitätssicherung. Magyar Textiltechn. **25** (1973) 1, S. 22–24.

Trunov, A. F.: Entwicklung der Weltproduktion an Chemiefaserstoffen 1967 bis 1971. Chim. Volokna (Chem. Fasern) (1973) 1, S. 52–56.

Sonderfragen

Beh, F.: Leitfaden der textilen Fertigung. Kenntnisse der Textilrohstoffe und -erzeugnisse. Textil-Praxis internat. **27** (1972) 10, S. 585–587; 11, S. 653–654; 12, S. 709–710.

Batareau, Ch., Lattermann, E.: Textile Stoffe als Filterelemente im Wasserbau. Techn. Textilien **15** (1972) 6, S. 145–147.

Zeitfracht Medien GmbH
Ferdinand-Jühlke-Straße 7
99095 Erfurt, Deutschland
produktsicherheit@kolibri360.de